U0299075

刍議時代

贺福初 著

军事医学出版社

·北 京·

图书在版编目（CIP）数据

刍议时代 / 贺福初著. —北京：军事医学科学出版社，2015.7
ISBN 978-7-5163-0638-3

Ⅰ.①刍… Ⅱ.①贺… Ⅲ.①生物学–研究 Ⅳ.①Q-0

中国版本图书馆CIP数据核字（2015）第142768号
（军事医学科学出版社正式更名为军事医学出版社）

责任编辑：孙　宇　吕连婷
出　　版：军事医学出版社
地　　址：北京市海淀区太平路 27 号
邮　　编：100850
联系电话：发行部：（010）66931049
　　　　　编辑部：（010）66931127，66931039，66931038
传　　真：（010）63801284
网　　址：http://www.mmsp.cn
印　　装：中煤涿州制图印刷厂北京分厂
发　　行：新华书店

开　　本：710mm×1000mm　1/16
印　　张：17.25
字　　数：258 千字
版　　次：2015 年 10 月第 1 版
印　　次：2015 年 10 月第 1 次
定　　价：46.80 元

本社图书凡缺、损、倒、脱页者，本社发行部负责调换

代
序

红山是我井冈

—— 在国防大学第十三期战略班学习时的总结

登高才能望远,登珠峰方可观天下,因此我把"红山"(国防大学所在地)自比"井冈"。期间,遵守院校有关规定,妥善处理学习与工作的关系,努力做到精力专注、学习勤勉、思考精深,力求出色完成教学大纲规定的内容与国内外考察活动,每一专题主动写出学习思考。主要收获如下。

一、深化了对党的特色理论的认识、更加坚定了对党的理论信仰

通过第一专题学习,我认为:"中国特色社会主义"之"特"千条万条,最根本的一条在于"社会主义市场经济"。中国共产党人经过 90 年来的反复探索、不断实践、持续创新,终于找到了发展社会主义、发展新中国、熔社会主义与市场经济于一体的"中国特色社会主义"!这是国际共产主义发展史上的壮举!这是国际政治经济学史上的创举!这是 5000 余年中华文明史上的盛举!风起云涌于中华大地的"社会主义市场经济"之"色""风光无限",在人类史上开拓出市场经济的新境界:其广在于"市场经济的中国化",其远在于"市场经济的理性化",其高在于"市场经济的社会主义化"。我将上述认识整理成"开拓市场经济的新

境界"一文，先在院刊上全文发表，随后《人民日报》理论版刊发了摘要。

通过对党史学习、尤其是阅读史诗般的图书《苦难辉煌》和观看大型纪录片《苦难辉煌——中国共产党的力量从哪里来》后，我撰写了"信仰的精魂在于牺牲精神"一文，在国防大学、光明日报联合主办的《苦难辉煌——中国共产党的力量从哪里来》座谈会上发言。发言中指出：我党萌起于民族风雨飘摇、民众水深火热、积弱积贫因而一盘散沙的中国。正是这个起于五十几人的小党，仅在28年的短暂历史瞬间就带领人民推翻沉压在中国人民头上的三座大山，让人民当家做主、令华族扬眉吐气！这是摧枯拉朽、力拔昆仑、气吞山河、扭转乾坤的力量！"这种力量从哪里来？"这本书和影片给了人们洪钟大吕般的回答：信仰！而信仰的精魂何在？牺牲精神！

二、强化了战略意识、尤其是重大现实问题的战略思维能力

当前，正值中日钓鱼岛之争，我系统研读了"甲午战争"史。弹丸之岛使太平洋不太平！明年，又逢"甲午"，正是"甲午战争"发生两个甲子之年，也是"大和民族"续写所谓"甲午神奇"的蠢动之年。史来苦难深重、今正复兴再起的中华民族应该全民开展"甲午祭"！前事不忘，后事之师！昨日"甲午"之败，败在何处？愚见，败在慈禧等清廷之罪，其罪在"有权无国"；败在李鸿章等洋务之过，其过在"有器无力"；败在丁汝昌等水师之误，其误在"有战无争"。简而言之，败在有"甲"无"武"！我依此整理的"有甲无武足堪忧"一文，5月16日发表于《解放军报》。

系统研读了"美国亚太再平衡战略"后，我撰写了"理性是构建新型中美军事关系的基本遵循"，并于4月11日在"美国的亚太再平衡战略及其影响国际研讨会"上作主题发言。我认为古往今来，战争之源，无外乎人类理性的三大敌人：一是无理之极的疯狂；二是自私之极的贪婪；三是鲁莽之极的霸道。消灭这三大敌人，我们就可防止战争；打败这三大敌人，我们就可打赢战争。人类开始步入

"太平洋时代"，这既是"东方文明的复兴"，更是东西方文明的首度会师、深度融合并集大成，从而开创"大成文明"！这是历史之盛！这是人类之幸！史无前例！五千年一遇！"太平洋时代"的成败，在全球！但首当其冲，在中美！在于东方文明代表的中国和作为西方文明代表的美国！在中美能否创建互利共赢、惠及全球的新型大国关系！而其核心之一，在于能否创建互利共赢、惠及全球的新型大国军事关系！只要大洋两立、东西两领的中美，强化理性、以征服无理之极的疯狂；增加担当、以战胜自私之极的贪婪；多行王道、以扫除鲁莽之极的霸道，联手打败人类理性的三大敌人，那么"太平洋"必定"太平"！全球的"太平洋时代"必定到来！"太平洋时代"必定惠及全人类！

在深入学习了危机管理理论后，我撰写了"危与机"一文并刊于《红旗文稿》第 11 期。通过学习，我认识到：危机，死生之悬、存亡之系、命运之脉。命，在掌其危；运，在握其机。老子道：祸兮福之所倚，福兮祸之所伏。危机，因其祸机四伏、瞬息万变，故常因差之毫厘、而失之千里。自然，庸者、凡生，面之无不胆战心惊而束手无策，或逃之夭夭，或被其吞没、埋葬，因而常相生相伴的是生死场与断头台。危机，也常使将一战而不朽、族一争而雄立、国一胜而突起，因而它常是雄韬大略者的阔海空天。简言之，危机是英雄与亡寇的分水岭、战略魔术师的试金石、领袖与统帅的"成人礼"。当前我国正开启千年一遇的民族复兴征程。复兴之要，不在"复"——不是简单的历史回归，而在"兴"——应该是更多的革故鼎新。器以力行，人以魂立。作为"民之魂"的文化，其自醒与自新是一切革故鼎新之根本。通过本专题学习，我的体会有二：一是必须清除守成的劣根性，强化民族危机感，完成"盛世之危"的理性觉醒；二是坚决纠正文化偏执，完善民族危机观，根植危机之"机"的文化基因。

清朝政府的闭门锁国，锁住的仅是"泱泱大国"富国而不强国的时代步伐，锁不住的恰是世界列强的坚船利炮及对我的分赃瓜分与割地赔款。彼时，中国并不贫穷、而是恰恰相反——"天朝大国"富甲天下！但富饶而富裕的中国却沦落成诸列强垂涎的"肥肉"！贫穷，是在被反复的瓜分、连续的巨额赔款之后才出现的。可见，富裕所换来的不是列强的尊重，而是其强取豪夺的贪婪！这就是"盛世之危"！当前，在已站起来、正富起来的中国有些人自以为"富裕的中国必然是强大的"，强大到无人可欺、无人敢打的境地。然而实则是，我国当前经济社会文化的国际地位及其影响优势并不乐观，即使"两个百年目标"实现后，国际地位也很可能达不到历史上我国地位的某种优势。晚清既然都遭遇了灭顶、亡族之血灾，未来我们何以避免？如果抱着"富裕而不富强"的观念墨守成规，中国必然重蹈清朝末年的覆辙！"盛世之危"又已到来，但有人茫然无知！古往今来，和平从来就不是免费的午餐！发展机遇，绝非天上掉馅饼，更不可能拜对手所赐！自强者强，无为者危！

　　近代以来，我们对"危"的认识刻骨铭心！与此相反，我们对危机中与"危"并存的"机"则常常是"厚"此"薄"彼，甚至顾此失彼。我们要么是急破其危，而忘取其机；要么是为免其一时之危，而放弃千载难逢之机。我们虽有"机不可失、失不再来"的古训，但只要与危相伴、或有危相随，即使机遇远大于风险，我们也常会选择避而远之。这是一种文化的"偏执"！中华民族历经5000年，这种文化的"偏执"在近代以前有幸没有导致"灭顶"，实乃幸也；近代以来，曾遭遇"一介武夫"的统治，出现历史大倒退，这种文化的"偏执"已开始结下苦果。更有甚者，进入现代以来，世界上几乎所有的列强均有过瓜分中国、欺凌华夏、血染九州的"辉煌"历史！近现代中华民族血淋淋的历史表明：一个只能、也只求把握"危"，而不能、也不求握"机"的民族，注定被"危"所围困，而不能转"危"为"机"，更不能制"危"出"机"。唯物辩证法是我们共产党人的理论之魂。在共产党人执政的中国，我们应该引导全民辩证地认识"危"与"机"的对立统一，在中华文化中根植危机之"机"的基因，以纠正文化偏执、走出文化困局，唯有如此，我们才能开创时代新篇、引领未来新局！

（2013年7月26日）

附记：以上，是我战略班学习时的总结，也是我将学习心得结集成《红山飞絮》时的序言。当初结集由我院军事医学科学出版社非正式印刷，只是为了向各阶段任课老师、相关教研部领导系统汇报学习所得。不料，后来引来不少人索取，因此不断加印，不少热心人还建议正式出版。由于学习期间任务繁重，这结集中的小文全是草就之章，因此我断然拒绝了热心人的好意。再后来，又有一些见多识广的朋友读过此集后，众口一词地动员我正式发行。这回我坐不住了，好像只能从命，但如果仅是这点草就之章，终是拿不出手。于是就有了这本《刍议时代》的选题，依此增加几篇相关文章。

我人生过半，从业已 30 余载，发表过 400 多篇文章，其中大约三分之二以英文发表于国际科技核心刊物，也有些发表于国际顶级杂志。但我心中难以忘怀的还是几篇以中文在国内发表的评述性、展望性文章等。它们大都涉及当代的系列热点、焦点、前沿，有些虽暂时属于时代的盲点、空白点，但我认为它们可能代表时代前进的方向。概言之，在我血气方刚时，力求发时代之先声。这话、这题都太大，实质就是想做夏夜的萤火虫。

（2014 年 12 月 28 日）

再附："老夫聊发少年狂。"1 月 18 日，带家人在乡下博约园滑冰，不慎将右手腕摔骨折，打完石膏在家蛰伏，因而有时间反刍《刍议时代》。开始是打发时间，不料它渐成为我最有效的"镇痛药"，助我度过消痛生肌、彻夜无眠最难过的第一周。这种彻夜的彻痛，令我切身地领悟到"彻"的别样与极致。因此，在修改文稿时，总想在望闻问切时代时，能切中时弊、号准症结，在把脉、预测未来时力求彻透彻悟。但困难远远超出想象：仅是打字技巧上，就未曾想左手是如此的难出其右，更何况思维上因左右手转换而左右脑转换所致的心神紊乱。可见，这一周是我生理、心理上的混沌时期。我尽可能调动智理上的清彻以规避，希求：私情虽不堪，公理终不乱。效果如何？请读者鉴之。

（2015 年元月 23 日）

目录

文化时代 / 169

中国时代 / 209

科技时代

KEJI SHIDAI

没有假说，就没有自然科学[1]

没有假说，就没有自然科学，这在自然科学发展史上是不容置疑的。从亚里士多德甚至更远古的科学启蒙时代，到今天日新月异、突飞猛进的科学鼎盛时期，无一重大突破不铭刻着假说的功勋：亚里士多德的形式逻辑对整个自然科学、哥白尼的"日心说"对天文学、魏格纳的"大陆漂移说"对地球物理学、达尔文的"进化论"对生物学、欧几里德的"公设"对几何学、普朗克的"量子假说"对量子物理学、道尔顿的"原子假说"对化学以及孟德尔的"遗传因子"假说对现代生命科学，凡此种种，我们可以说，无一不是假说发先声、开先河而导致科学上重大突破的。历史雄辩地告诉我们，假说在自然科学发展中发挥了非常重要甚或决定性的作用。在此，我们不想用史实来论证假说对科学的必要性（实际上，史实只能帮助我们认识其充分性而不是其必要性），而是根据自然科学本身的特性来论证假说对科学的必要性。

1《科技导报》，（12）：28-30，1994

一、假说是联系已知与未知的纽带、寻求真理的向导

自然科学，是人类智力活动的最大范畴之一。它的目的"在于发现自然界的结构和作用，并且尽可能把它们归结为一些普遍的法则和一般的定律"（牛顿语）。它一方面尽可能完备地理解全部感觉、经验之间的关系，另一方面通过最少的原始概念和原始关系的使用来达到这个目的——在世界图像中尽可能地寻求逻辑的统一（即逻辑元素最少）。自然科学是人类和自然的媒介，人类通过它面向自然，自然通过它反馈于人类。它体现了主、客体间的对立、统一。

自然科学的上述特性决定了自然科学研究（以下简称科学研究）的性质、目的和程序。科学研究的性质表现在它始终背靠已知，面向未知，表现在不断发现；其目的是寻求统一、寻求真理；其程序是假说－实验－假说的无穷往复。对于这样一类理性活动，假说一定必需吗？

科学研究一个很明显的特征就是始终面向未知。未知对于人类的理性来说，无疑是一片黑暗。人类的已知是有限的，未知则是无穷的。因此，从哲学意义上讲，科学研究所面临的是无穷的黑暗。此时，如果不借助假说——这盏理性的"指路明灯"，对于未知，我们将如同盲人瞎马视而不见，自然难有收获。也许有人会反驳，既然我们面对的是无穷的未知，不借助假说的指路，也能盲人摸象，"瞎"碰到一些"未知"。是的，不仅会碰到一些"未知"，还有可能碰到某些具有普遍意义的"未知"。但是，科学不是简单的积累，它有着自身的结构、自身的规范，不能与已有知识结构联系起来的现象、条件，再美妙、再重要，对科学亦是无用，至少是难有大用。它只有通过假说这条连接已知与未知的纽带，才能对科学发挥其应有的作用。几千年来，社会中人们常注意到一些非常玄妙的、对科学来说不可想象的现象与事物。人们对它们或是视而不见，或是视作异端予以否定，或是用超乎自然、背离自然的"假说"来解释。实际上，有些现象倒可能是客观存在的。它们在科学中得不到应有的重视，甚至在科学中导致伪科学甚至

反科学的研究与阐释，只是由于科学认知积累的不足，具体地说只是由于在它们与已知之间缺少一条连接的纽带。人类历史上这类事件的反复出现告诉我们，面对未知，没有假说，科学研究就会像盲人瞎马、无所适从、遭遇异常或反常，更易使科学研究走上伪科学甚至反科学的道路。

科学研究的生命在于创新；而在整个科研程序（假说－实验－假说）中，其创新主要体现在假说上，反复验证主要是把存在于假说中的创新确定、证实并加以推广。当然在验证假说时也会发现假说以外的新现象，但是就是这种新现象也只有在能找到合适的假说来解释并加以证实后才能对科学的发展产生推动作用。正是在归纳、抽象过程中，人们大胆利用类比、想象、科学直觉、哲学原理，突破已知的束缚，对未知加以预测，最后以假说的形式"结晶"出来，进而给科学研究带来创新、给科学发展带来动力。

科学研究的目的在于寻求统一与真理。寻求就得先确立目标，没有目标就谈不上寻求。而科学研究寻求的目标之———"统一"本身就是假设性的。因为"统一"代表着已知与未知的"同一"，而在"同一"被证实之前它只能是假设性的。此外，既然是寻求真理，就必然涉及"真"的问题。对于自然科学来说，它的研究对象是自然界。"自然"是检验真理的最决定性标准。"真"是相对"假"而言的。而真假的判别不仅要有标准，还要有判别的对象才行。科学研究从某种程度上说就是一种真假判别过程。这里标准就是"自然"、判别对象就是"真理"，而真理在被广泛、完全证实（严格意义上说任何真理都不可能被完全证实）前都是假说性的。显然，纵使有标准——"自然"存在，没有判别对象——假说，真假判别——科学研究是无法进行的，对真理的寻求也只能是空谈。假说充当了寻求真理的向导。

科学研究包括课题设计、实验观察、理论概括。在此过程中，假说自始至终都在起指导作用。由于课题设计的中心是确定拟证实或证伪的假设内容，假设在此间的作用不容置疑。这里，我们只对假说在实验观察和理论概括中的作用给予简略讨论。"我们见到的只是我们知道的"（歌德）或是想知道的。自然界的现象繁复芜杂，要探索自然界的规律，如果不借助假说，我们只能是大海捞针。而且我们不可能对事物的所有方面都做细致、周密的观察，因而必须加以区别、加以选择。而选择的对象就是实验设计中的假说。哥伦布只是借助"地球是圆的"假说，才发现了新大陆。埃利希只是坚持"某些染剂既能选择性地使某些细菌或原生动物染色，就可能存在对寄生虫的选择性杀伤"假说，才在不断受挫、一再失败之后，发现"六零六"（砷的第606种衍生物）对梅毒的神奇治疗作用。此外，即使实验设计中所提假设对实验观察范围进行了界定，但自然界的繁复芜杂还会使实验结果看上去杂乱无章；由于人类实践的时空局限和人类本身认知能力的限制，有时还会使得这种杂乱更加突出。虽然人们认识到可以借助特定的方法、控制一定的条件给研究对象加入许多限制，使得实验结果简单化、定向化（这就是实验性科学较描述性科学所拥有的最大长处）；但即使如此，结果仍带有较大的片面性、局限性。人们如不借助理性、通过假说填补结果间的鸿沟、补上它们的残缺，就不能使其构成一幅较完整的自然图像，进而完成理论概括。实际上，如果不从自然界抽象出点、线、面、体的数学概念，并假定它们是确实存在的，而仅仅囿于自然体中那些是点非点、是面非面的事物，就永远不会有欧几里德几何的出现；如果没有"孤立系统"概念的提出，热力学第二定律的发现将不可想象，而严格的"孤立系统"自然界中根本不存在；同样，如果不借助假说，泡令就提不出"共振理论"，也不会有哥白尼的"日心说"、牛顿的三大力学和华生－克里克的"DNA双螺旋模型"问世；如果不是波尔借助量子假说和核外电子定态轨道等假设给氢原子光谱的下列各种经验公式（1885年发现的巴尔摩公式、1890年的黎德堡公式、1906年的莱曼公式、1908年的帕辛公式以及1922年的柏莱凯特公式）予统一的解释，它们都只能继续各行其是、少人问津，20世纪的带头学科量子力学亦难以问世。

二、间接假说和基本假说是科学研究的前提和普遍法则

假说可以用来直接或间接地阐释或统一某种或某类现象。前面我们只是讨论了用来直接说明某种现象的那些假说，没有涉及科学研究的前提问题（间接假说或基本假说）。实际上科学研究的前提正是许多广泛应用的间接假说。科学之所以能产生、存在并发展，主要是基于如下假设或信条：自然界可以认识；人类拥有认识自然界的能力；人类的认识能够接近真理；人类的认识可以预测未知与将来，可以指导未来的科学、社会实践，因而对自身的生存与发展有利。对于目前盛行的实验科学研究来说，之所以能够进行，则主要基于如下假设：我们想象有一个存在于时间空间、遵守自然规律且不依赖于任何观察主体的客观世界，当我们借助实验设备"制造"新现象时，我们相信自己并不是真的在创造新现象。就是说，这些现象即使没有我们的干扰和"制造"，亦会自然发生。我们的仪器只是使得不同现象相分离开、使得不易出现的现象经常出现，以便于研究，而并未干扰研究对象。目前，除量子力学与基本粒子物理学以外，所有其他自然科学都遵守这一公设，并以其为工作的出发点。这类公设是不能完全被证实的。科学的进步只能给它们找到一些例证，而由于科学本身的局限，我们同时也能找到它们的反证（如量子力学中的测不准原理）。但它们纵使是假设，而且已证明有例外，如果自然科学抛弃它们，就只得重新回到原始的科学启蒙时代；而现代科学的飞速发展已揭示其有效性。此外，任何一个有序的结构都存在一定的规范，科学研究亦不例外。我们进行科学研究自觉或不自觉地遵守了这样的规范。这种规范把同行统一在同一目标上，使其有着共同的语言、共同的判别标准、共同的实验手段；这种规范能够向探索者提出一系列循序渐进的可解决的课题。史前的科学之所以总是徘徊不前，就是在于没能建立这样的规范。科学正是在有了这样的规范后才不断向前发展。但这种规范也不是经过严格证实了的。它不过是一种约定、一种更为基本的和系统的假设。但我们必须遵守它，离开它任何人也成不了科学

家；离开它，科学将成为一种无理性的无序结构。例如，科学家们一致寻求自然界的统一（此时与彼时、此地与彼地、此物与彼物的统一），认为统一就是规律、就是和谐、就是美、就是真。实际上，统一的存在本身就是一种假说，但正是基于这种假说，科学才得以认识自然界中的许多统一。自然科学中无疑还有别的与此相似而一直为各领域科学家们所遵守的普遍法则，如因果原则（我们得到一个结果，总要寻找产生它的原因）、因果下向法则（遇到上层次的结果，总是要在下一层次寻找原因）、结构功能法则（发现一定的结构，总要寻找对应的功能；发现一定的功能，总要寻找对应的结构）以及现代科学奉行的分析与综合原则、系统论、控制论、信息论观点等。它们在很大程度上来自我们的信仰、来自我们对自然的理性认识。它们在逻辑上具有较大的约定性、使用上有较大的普遍性。我们的知识及其所面对的自然界都不能向我们严格证实客观就一定如此。从逻辑上说，它们无疑也是一种假说，不过是一种使用范围更为广泛、对科学研究更为基本的假说。没有它们，科学就发展不到今天；没有它们，今天的科学大厦就得崩溃。

三、抛弃流行的错误假说，往往得到伟大的发现

前面，我们从正面讨论了假说对科学研究的必要性。实际上，如果假说偏离自然较远，由于它有着向导和法则的作用，它很可能把我们引向死胡同，限制我们的思路，进而束缚我们的研究。我们通常说习惯性思维阻碍创造性思维。这里，习惯性思维实际上就是"显而易见"的假设。它们的"显而易见"就像一层面纱，遮盖了它们的真相，使人们注意不到它们是未经证实的假说，往往使人们未经质疑就无意识、不自觉地将它们接受下来。我们既是不知不觉地接受了它们，也就难以抛弃它们，如数学中"数"即"整数"的隐藏假说、物理学中的"绝对时空"与"以太"假说、化学中的"燃素"假说、生物学中的"自然发生"假说以及天文学中的"地球中心论"等，它们都曾长时期严重阻碍科学的发展，却不为人类

所悟。这里，我们可以从反面看出假说在科学研究中无时不在的某种制约性作用，科学研究不会出现没有假说的"真空"。虽然我们有时不能对现象有系统地、有意识地提出假说来解释，但我们的下意识却仍在不知不觉中这样做了，并且在暗地里指导我们的科学实践。由于假说对于科学研究的必要性，使得它们有时根深蒂固、坚而难摧。一些伟大的发现就是在抛弃流行的或是隐含的错误假说后做出的。那些其"正确性"显而易见但本身又隐匿其假说身份的"假说"牢牢地禁锢着人们的思想，从反面说明了假说在科学研究中的必要性。

综上所述，只有连接未知与已知的假说，才能有探索未知、追求统一、寻找真理的自然科学。没有假说，面对无穷的未知世界，自然科学就只能陷入茫然；没有假说，我们就寻不到统一、求不到真理。简而言之，没有假说，就没有自然科学。

呼唤理论生物学[1]

现代自然科学包括物理科学与生命科学。早在几个世纪以前，物理科学就已建立起比较成熟的理论研究体系和一支从事理论研究的专业队伍，且理论研究蓬勃发展并在物理科学发展史上发挥了先锋主导作用。与之相比，生命科学虽已打开理性之门，但其理论化程度远不及前者。时至今日，生命科学仍缺乏一支具有一定规模的专业理论研究队伍，仍始终停留在实验性研究这一科学研究的初级阶段。这一现状与今日生命科学的飞速发展极不相称，与生命科学担纲自然科学盟主的历史重任相去太远。生命科学的理论化不仅关联生命科学自身的健康发展，而且维系自然科学的整体进步，在人类社会即将跨入新的百年，迈进新的千年这一历史时刻，我们需要直视历史，面向未来，疾声呼唤理论生物学。

一、世纪沉思

人类社会在将跨入新的千年之际，回首自然科学——这艘人类理性的航船所走过的征程，既是必要的，也是有趣的。虽然我们难以追溯千年，但追忆百

1《科技导报》,（8）: 3-5，1997

年，乃至近 200 年，则是可能的。近 200 年间，人类的先知、英豪们置身于这场人类探索自然的理性之战之中，他们叱咤风云、纵横捭阖、前赴后继，挥写了一部波澜壮阔、风起云涌、可歌可泣的不朽巨篇。其间，科学的发展，无论是其深度与广度，还是其对人类精神世界与物质世界的影响均达到空前的程度，从天体到地球、到海洋，从宇宙到分子、到夸克，从无机物到有机物、到生命世界，所涉自然科学各门学科几乎无一例外地发生了革命性的变化。如果要想把握近 200 年自然科学发展的脉络，分析这艘人类理性之舟行进的轨迹，其首选的"捷径"或许就是追溯其间它留给历史的里程碑。

科学的世纪里程碑

19 世纪

物理学　热力学 、电磁学、能量守恒原理

化　学　原子 - 分子论、化学元素周期律

生物学　细胞理论、进化论

20 世纪

物理学　相对论、量子力学

化　学　化学键理论

生物学　分子生物学（基因理论、中心法则）

从上我们不难看到，自然科学沉淀于历史的是各种各样的理论或基本规律的理论总结。下面，将举例讨论理论的形成过程及其历史作用。

二、理论的形成过程及其历史作用

20 世纪的带头学科为量子力学与分子生物学。

前者在上半个世纪建立，它带动和催生了物理学与化学的多种分支学科。后者则问世于下世纪，它深刻改变了人们对生命世界的理性认识，促使生物学进入定量分析的阶段，并使生命科学首次成为整个自然科学的带头学科之一。鉴于这

两门新型学科发展迅速，且影响广泛，我们从中选择最有代表性的范例（量子理论与 DNA 双螺旋模型），讨论"理论的形成过程及其历史作用。"

1. 量子理论

量子力学的革命性理论——量子论，源于对黑体辐射的研究。1896 年，维恩（W. Wien）通过半理论半经验法，找到一辐射定律。此定律在短波部分与实验相符，在长波部分则偏离很大。1900 年 6 月，瑞利（Lord Rayle）– 金斯（JH Jeans）根据统计力学与电磁理论推导出另一辐射定律，此规律在长波区渐近于实验曲线，但在短波区与实验绝然相反（理论值趋于无穷大，而实验值却趋于零），因而被称为"紫外灾难"。1900 年 10 月，普朗克（Max Planck）得到统一"维恩"、"瑞利 – 金斯"两定律的半经验定律（长、短区均适用）。他随后发现，要对这个公式做出合理的理论解释，唯一可行的出路是提出如下大胆的假说：物体发射辐射和吸收辐射时，能量不是连续变化，而是以一定数量值的整数倍跳跃式变化，即存在不可分的最小能量单元，"能量子"或称"量子"。

同能量不是无限可分的这一性质的发现相反，世纪交替时另一个重大发现是原子的可分性，即元素的放射性和电子的发现，由此提出"原子结构"的问题。1911 年，卢瑟福（E. Rutherford）提出"有核原子模型"（统一核与电子），并于 1912 年，由其学生通过 α 粒子散射证实。1913 年，玻尔（N. Bohr）指出：此模型可以把原子的化学性质和放射性质截然区别开，即把前者归因外围电子，把后者归因原子核本身。进而通过综合卢瑟福原子模型、量子论、化学元素周期律及多种元素光谱经验公式，提出了原子结构理论，此理论直接提供了化学的物理基础，统一综合了多种元素光谱经验式，指出决定化学元素周期律的因素是核外电子数，而不是原子量，为化学元素周期律提供了理论解释，并且为量子力学的两种形式波动力学与矩阵力学奠定了基础，而量子力学又催生了原子物理学、固态物理学、核物理学、基子粒子物理学、化学键理论等多种新型学科与理论。

从上可见，理论的形成经历了经验规律（基于大量实验观察与数据归纳）的总结，及在此基础上的理论综合［基于多种规律或（和）多个领域的已有认识］，即实验与理论的整合与集成。

2．DNA 双螺旋模型

1953 年由华生（J. Watson），克里克（F. Crick）提出的 DNA 双螺旋模型，与"量子论"一样，最初是作为一种科学假说出现的。与"量子论"的问世相似，它同样是当时多种实验与理论认识的集成与综合。1944 年，爱弗利（Avery）等证明 DNA 是遗传信息的物质载体，提示 DNA 结构必须能载荷遗传信息并能自我复制；40 年代末期与 50 年代初期，桑格（A. Sanger）、肯诸（JC. Kendrew）、裴路兹（MF. Perutz）揭示蛋白质的序列决定其结构，进而决定其功能，因而指出其一维信息决定三维信息；40 年代，彼德尔（G. Beadle）、塔特姆（E. Tatum）提出并验证"一个基因一个酶"假说，上述认识明确提示遗传信息可能以一维形式储存于 DNA。此外，1948—1952 年，契盖夫（Chorgaff）发现碱基比例定则（A=T，G=C），为碱基配对提供了实验依据；40 年代，泡令（L. Pauling）发现氢键在生物大分子结构形成中发挥重要作用，此作用力后被用于解释 A／T，G／C 碱基配对，而碱基配对是 DNA 双螺旋结构的核心，它是 DNA 自我复制与传递遗传信息（基因表达）的结构基础。此外，1952 年，托德（TR. Todd）揭示核酸的骨架结构由磷酸二酯键串联而成；1952—1953 年，维尔金斯（Wilkins）、弗兰克林（Franklin）与泡令等关于 DNA 的晶体衍射指出其中存在周期性的螺旋结构，这些实验结论均被华生和克里克悉数照搬。应该说，DNA 双螺旋结构模型是当时实验研究与理论认识发展的必然，但又明显超出当时的认识水平。DNA 双螺旋模型的直接意义：①揭示基因的"化学结构"；②预测基因的自我复制机制；③预测遗传信息的表达过程及遗传密码的存在。DNA 双螺旋模型的问世，被国际学术界公认为本世纪自然科学中最大的发现之一，它标志着本世纪自然科学另一带头学科——分子生物学的诞生。后者的问世不仅使生命科学进入全新的世界、诞生了一系列新型学科；而且催生了基因工程这一划时代的新型技术，从而宣告了一个新纪元的开始。作为非核酸结构专家、非 X 衍射专家的华生（25 岁）和克里克（37 岁），之所以能先于所有当时 DNA 结构的研究专家（其中包括本世纪最大的科学名宿之一——泡令），首先洞悉 DNA 结构，其中很难排除的原因是他们继承了他们当时所在的卡文迪许实验室（量子力学的发源地之一）理论物理学的传统，即以实验所得经验规律、定则、原理为基础，进行理论性分析、综合，继而建立相应的综合性的理论体系。

从上述"量子论"与"DNA 双螺旋模型"的形成过程及其历史作用，人们不难看出：一个综合性的基本理论体系往往汇集了多种相关领域的精华，而不是拘泥于某一领域的实验研究与理论分析；它站在时代的"制高点"与历史的"转折点"，突破了已有认识框架并超乎现有已知事实，进而开一方"天地"、启一代"新风"。

三、新世纪呼唤理论生物学

根据韦伯（Webster）词典中"科学的定义（Science：A branch of knowledge or study deeling with a body of facts or truths systematically arranged and showing the operation of general laws），我们可知，科学的宗旨是：系统整理事实或真理，揭示普遍规律。科学为实现此宗旨所采用的一般过程是：系统观察→总结规律→提出学说→实验验证→建立理论。

由于理性与利益的双重作用，在当今数理化相对沉寂的历史时刻，"生"命科学却蒸蒸日上，洋溢着勃勃"生"机，且"直驱"新世纪自然科学的"王座"，可说是"风光无限"。但是，当今生命科学的"野性"发展潜存着危机，且即将乃至已经制约着其深层的发展与突破，生命科学的理论化已远非"未雨绸缪"，而是刻不容缓了。

1. 生命科学研究的"大军作战"急待理论的"战略部署"

时下，生命科学研究正风起云涌，"大军作战"已浑然成势，如不进行理论的"战略部署",何免"混战"、"乱战"之虞？科学对真理的探索，如同矿工对矿山的开采，而"野性"（非理性）开采不仅可能所获无几，而且可能毁灭地下宝藏。求实、尚理是科学精神的两大支柱，理性不在，科学焉存！

2. 潮水般的实验事实急待理论整理

近20年，尤其是近10年来，生命科学的飞速发展，使新的结构、新的基因、新的机制如滚滚潮水"铺天盖地"而来，而这种事实的狂潮虽为理论的突破准备了丰富的素材，但至今仍未带来理论的突破，也未形成合力向已有理论冲击，却将我们淹没于文献的"汪洋大海"，让我们茫然无从。下个世纪，这种势头不仅不会消退，而且可能日益高涨。面对种类繁多、鱼目混珠的实验发现与事实"狂潮"，我们急需一支专业化的理论队伍，整理归纳潮水般的实验事实，以及时蓄集起经验规律的"水库"和理论的"滚滚洪流"，突破生命科学与物理科学的理性屏障，汇入自然科学的"汪洋大海"。

3. 建立理论生物学的时机已基本成熟

一个学科发展成熟的很重要标志，是其理论研究成为一种相对专业化的领域，有一支专业队伍，有相对独立于实验研究的研究规范、方法及其体系，同时有雄厚的实验研究基础。现代生命科学积累了大量实验事实，而且积累的速度有增无减，为理论研究提供了丰富的原始素材。同时，现代数理科学、化学的发展为现有生命科学的理论化提供了丰富的研究规范与方法。这方面需要解决的问题是生物学家的理论化、数理学家等的"生物化"。所幸此类问题无论是从理性上还是从具体操作上现在都已能够解决。分子生物学创立之初，曾有一批物理、化学家〔如薛定谔（量子力学中波动力学的创立者）、德尔布吕克、泡令等〕参与了生命科学领域的理论思想启蒙，间接或直接地推动了生命科学的现代化运动。其中德翁后来成为公认的分子生物学之父，泡令在蛋白质、DNA结构以及分子医学等领域均建立了不朽的功勋。此点已足以证明数理科学与生命科学间不存在难以逾越的鸿沟。但今天，生命科学领域，却少有这样年富力强且高瞻远瞩的理论家，而这支队伍可能正是生命科学在新世纪能全面担起自然科学带头学科这一历史重任的脊梁。

四、理论生物学的当前任务

根据科学发展的历程（实验观察→规律总结→假说设立→实验验证→理论结合），我们认为理论生物学当前的主要任务应包括以下三方面。

1. 已有实验发现的规律性总结

从分子、细胞、组织、个体、群体各层次或（和）多层次，打破各专业（如免疫学、神经生物学等）界限，以定量或（和）定性方式，总结已有实验发现，寻找经验规律或半经验规律。

2. 已有规律与假说的系统整理及其判决性实验的确定

以自洽性等原则，系统整理已有规律性认识与假说，提出统一的理论体系，并通过演绎及严密的逻辑论证，确定判决性实验的范畴及其可证伪的理论预测。

3. 理论生物学的方法论研究

多种数理方法（如 Monte-Corlo 法、多维统计法、模糊集合理论、非线性理论、非平衡态动力学、协同论、耗散结构、自组织、混沌理论等）、控制论、信息论、系统论等在理论生物学中应用的方法论研究。

五、理论生物学的尝试

在以上思想指导下，从 20 世纪 80 年代末期开始，我们以分子进化为对象，通过系统分析与综合，相继发现了四种分子进化规律性现象（即发育相关进化、协同进化、协调进化与减速进化）；据此做出的多项预测被国内外同行证实；1993 年，综合上述规律性及自然选择学说和中性理论，提出了"基因起源的分子偶联假说"。它不仅得到近年实验研究的广泛支持，而且对多种学科的未来发展提出了自己的预见与观点[2]。此外,17年前笔者曾利用上述思想方法,提出统一解释细胞分化、衰老、癌变的"发育因子"假设(另文发表),其中部分预测亦曾得到随后实验的证实。我们的亲身感受是:生命科学的理论化是其未来发展的必须;亦是一大有可为的崭新领域;我国由于已有科技基础薄弱、现有经济实力不强,在近期内从实验研究方面全面赶超世界发达国家不太可能;但如抓住国际学术界理论生物学尚处空白这一历史机遇,捷足先登,在新世纪生命科学乃至以此为带头学科的自然科学多个领域占有一席之地则是完全可能的。因此,笔者不顾学识的浅薄而斗胆向我国学术界大声疾呼:时不我待,让我们立即行动起来,擎起理性的大旗,迎着新世纪、向着理论生物学进军!

---

2 详见《科学通报》,38:2209,1993;中国科学基金,9:9,1995;《科技导报》,8:1996(10)

基因治疗的最新进展[1]

1988 年 2 月 6 ~ 22 日，在美国 Colorado 州的 Tamarror 城，由萨克研究所的 IM Verma、麻省理工学院的 RC Mulligan 和贝勒医学院的 AL Beaudet 共同组织了一次"基因转移与基因治疗"研讨会。来自美、加、澳大利亚、英、德、法、瑞士、瑞典、以色列等 9 国的专家参加了这次盛会。会议就反转录载体、包装细胞系、靶细胞、基因治疗的可行性、基因治疗的预试等方面进行了广泛交流。现将提文会议的论文做一简要综述。

一、反转录载体

反转录载体由于其对灵长目动物细胞的高效转染特性，受到基因治疗研究者的青睐。除两篇论文外，所有论文均以它作为基因转移工具。目前，在基因治疗的探索中反转录载体的研究仍占相当大的比例。

此节所涉及的反转录载体特指携带目的基因的重组载体，而不包括感染包装细胞的反转录载体。后类载体的有关进展将在"包装细胞系"一节综述。

1《国外医学—分子生物学分册》, 11（2）: 73, 1989

首先，Miller 报告了反转录载体中影响高感染力病毒滴度的两个重要因素：包装信号和目的基因的内含子。他发现包装信号不仅包括已知的 Psi，而且还延伸到 gag 内，只有信号完整，才能得到与野生型病毒相等的滴度，否则不然。如果将此信号组入非载体的 RNA 中，此 RNA 也可被高效地包装，其效率取决于信号与转录的相对方向。作者还表明：人 β - 球蛋白基因在红系细胞中表达所需的第 2 内含子抑制病毒的产生。Muenchau 则发现，如在 LTR 中抽入 pGEM4 的 polylinker，载体感染后所获的体外滴度与不改造前相同，但体内表达特性相异。在此方面，Mulligan 实验室的工作则更为系统和深入。他们分别用鸡 β - 肌动蛋白、人组蛋白 H4 或鼠 thy-1 基因转录信号 (启动子) 取代病毒的 LTR，获得了高滴度的感染病毒，且此类重组体能在动物活体内高效表达 (以往的载体虽在体外培养细胞中能较好表达，但在动物体内几乎不表达)。他们还采用具有组织特异性的促进子代替病毒的 LTR，然后导入受体动物的干细胞中，使目的基因在动物中获得组织特异性表达。法国 Roux 小组也用具组织特异性的启动子、促进子取代病毒的这些调控序列得到同样结果。Hatzoglou 利用 p- 烯醇式丙酮酸羧基激酶或牛生长激素的启动子调控区域取代 LTR，发现目的基因在靶细胞内的表达为糖皮质激素和 cAMP 促进，且促进作用被胰岛素拮抗；并表明如果将此重组载体导入子宫内的胎鼠中，新生动物的基因表达则受 cAMP 和甲状腺素促进。此外，加拿大的 Ellis 通过在载体的 att 区域 U5 内引入 2bp 缺失，实现了基因的定点导入。

另值一提的是，以色列的 Dppenheim 构建了一种 SV40 病毒样载体。此载体转化 COS 细胞后形成可感染人造血细胞 (包括红细胞) 的病毒颗粒。此载体用于形成病毒颗粒的序列只 200bp，转化效率较高，重组体据需要可扩增也可不扩增 (取决于辅助病毒用 SV40 的野生型还是用 T- 抗原缺陷型)。作者正用它研究人 β - 球蛋白基因的表达和定点导入。

二、包装细胞系

包装细胞系的发展与完善面临着 3 个问题：病毒滴度、感染力、安全性。因为包装细胞系由有复制缺陷的反转录病毒转化而成。以上问题的解决自然应从转化用的受体细胞和转化用病毒两方面着手。

以往用的包装细胞均为鼠成纤维细胞。Anderson 实验室报告了包装细胞其组织、种属来源对滴度、感染力的影响情况。他们发现，用 pN_2 和 pPAM3 共转染人肝癌细胞株（$HepG_2$），获得的最高滴度为 10^4cfu/ml（用 NIH3T3 检测），感染小鼠和水貂成纤维细胞则分别为 10^6、10^2。不同来源的病毒颗粒其稳定性相似。且同一滴度下对 7 株不同组织、种属来源的靶细胞的感染力也相似，从而表明毒粒外壳上所带的包装细胞膜成份并不影响感染力和靶细胞类型。

Canteloube 发现，将转化病毒与 DHFR 基因共转染受体细胞时，可通过增加氨基喋呤浓度提高包装细胞的病毒载体产率。作者表明这种产率增加与胞内辅助病毒基因组 RNA 量的提高相关。

人们对基因治疗的担忧很大程度上源于对反转录载体安全性的怀疑，而此怀疑一部分又是因为存在辅助病毒基因组在包装细胞内通过修复或重组产生有复制、包装能力的反转录病毒的可能性。下面的工作可以帮助消除这种忧虑。

法国的 Canteloube 和哥伦比亚大学的 Markowite 不约而同地想到将辅助病毒基因组分散（gag-pol，env）在两个质粒中，并去掉包装信号和 LTR。他们均表明此措施完全避免了有复制能力的重组病毒的出现，Mulligan 实验室则独辟新径，建立了两套反式作用的基因组，其中不仅有 ψ^- 缺失，而且还包括为反转录和整合所需的反式作用序列的突变。研究表明，这类载体不能重组出有复制和包装能力的病毒，但转化细胞仍保持很高的滴度 $10^5 \sim 10^6$cfu/ml。

三、靶细胞

目的基因对靶细胞的转化频率以及转化后的表达效率直接关系到基因治疗的成败。在此次会议以前，提高转化频率和表达效率的着眼点都放在反转录载体上。这次会议中几个小组的工作同时突破了这一藩篱，而将视野引向基因转移的靶细胞（即要治疗和改造的细胞）。

加拿大的 Dick 小组发现，如果在重组病毒毒粒感染靶细胞时（人骨髓祖细胞）提供膀胱癌细胞株 5637 的上清液，基因转化频率可提高 3 倍而达到 100%，加入 5637 条件培养液，也可增加 2 ~ 3 倍。他们还观察到，如果进行标记基因的预筛选，基因表达效率可明显提高。Hughes 则比较了载体改造（用细胞内启动子取代病毒启动子和 LTR) 和转化条件改善对转化频率的影响，表明细胞内启动子并不明显提高转化频率和表达效率，而转化时生长因子（如 GM-CSF 和 IL-1) 的加入可提高转化频率 6 ~ 9 倍，且转化克隆的药物抗性明显提高（即表达效率提高）。Anderson 实验室则不仅用 GM-CSF 和 IL-1α 提高了转化频率和表达效率，而且还初步探讨了提高的机制。作者根据自己的实验结果推测生长因子是通过使靶细胞由静止期进入细胞周期，使重组体经过一轮 DNA 复制整合入细胞基因组内，从而提高转化成功率并迅速表达的。

四、基因治疗的可行性

基因治疗的可行性主要在于反转录载体的安全性、有效性和可控性。

前面曾概述与会者如何通过改造重组载体和辅助病毒基因组防止有复制能力的重组病毒出现，从而保证载体的安全性。Anderson 实验室的结果则提示我们，这类工作也许是多余的。他们发现，即使在 5×10^6 滴度中有 0.1% 的能复制的辅助病毒出现，受体动物也会在 15 ~ 30 分钟内消除，并且在感染后 4 个月甚至 2 年内不出现。

针对反转录载体的有效性，上面曾谈及滴度和感染力。多次结果表明其有效性不容置疑。下面两个小组的工作则表明载体在时效上也是可行的。Anderson 实验室证明将人 ADA、大鼠生长激素或 NeO^R 基因用载体导入多潜能造血干细胞后，重组基因的表达不随细胞分化消失，在分化终极的细胞中仍能见到较高的表达。他们发现这些分化后的细胞在骨髓移植 220 多天以后仍能高效表达插入的基因。Belmont、Caskey 小组也表明在移植后 102 天的受体动物红细胞中，重组的人 ADA 基因表达效率仍不降低。

反转录载体的可控性包括载体导入的可控性和基因表达的可控性。法国的 Roux 等通过双特异性抗体复合物（抗 env 蛋白和抗受体细胞膜蛋白）达到载体对组织中靶细胞的定向导入。加拿大的 Bernstein 小组则通过去掉 att 区域内 U5 的 2bp，实现了载体在受体细胞基因组内的定点导入。Mulligan 小组通过组入具有组织特异性的促进子，获得了人 β- 球蛋白基因在红系细胞中的特异表达。此外，还通过改造 LTR，而使人 β- 球蛋白基因只在脾脏中表达，在血液、骨髓中则很少表达。Ledley 小组利用人 α$_1$- 抗胰蛋白酶基因（在肝中大量表达）的转录调控序列实现了 PAH(苯丙氨酸羟基酶)基因在 PAH 缺陷的受体动物(患苯酮尿症)肝脏中的定点表达（正常人的 PAH 只在肝中表达）。

五、基因治疗的预试

参会论文有力地证明基因治疗进入临床实用阶段看来并不遥远。

加州的 Friedman 利用含正常人 HPRT 基因的反转录载体体外感染一系列大鼠细胞，然后将此类细胞植入大鼠脑内。植入细胞可以存活几周到几月不等，且大部分管形化并表现神经胶质性、巨噬细胞反应却很小或根本无淋巴细胞浸润。他们还与哈佛医学院 Cepko 合作，将小鼠 NGF 基因导入几株体外培养的细胞中（如小鼠脑垂体细胞、原始星形胶质细胞）并获得高表达，然后将转化的细胞植入成年大鼠脑内，观察其存活和表达 NGF 以及对胆碱能神经原反应的能力。

以往，人们均认为基因治疗的首选目标将是血液系统的遗传病（因为此系统的细胞更新快，多分化潜能干细胞多，且易于进行基因操作）。此次会议有关成纤维细胞的论文提示了成纤维细胞遗传病近期采用基因治疗的可能性。

华盛顿大学的 Miller 小组将人 ADA cDNA 和人凝血因子 IX cDNA 分别导入缺陷的病人成纤维细胞中，缺陷得以纠正并恢复正常。为寻找将校正细胞有效送回病人体内的途径，他们用大鼠成纤维细胞作为皮肤的替代物植入皮肤切口的胶原基质中。当植入处为腹膜时，用成纤维细胞包住的葡聚糖珠能形成管状的、类似器官的实体。其治疗产物的体内分布正在研究之中。与此类似，圣地亚哥的 Verma 小组将人凝血因子 IX cDNA 导入小鼠初级皮肤成纤维细胞中，获得分泌的表达产物，然后将大块感染细胞包埋于胶原中并移植于皮层下。作者指出，至少在 10 ~ 12 天后，移植小鼠的血清中含有人凝血因子 IX。实验还表明凝血因子在血清中的丢失不是因为移植的排斥反应，相反，鼠血清中含有小鼠抗人凝血因子的抗体。

还想提一下的是，法国 Chasse 等将人 OTC（鸟氨酸甲酰转移酶，此酶的缺陷症是种常见的遗传病）基因重组入改造的腺病毒内，然后直接注入此酶缺陷的 Spf-ash 动物肝脏中。观察表明酶活性得以提高，其表型得以纠正。

此次研讨会是基因治疗研究开始以来的一次最大型国际会议。综上所述，参会论文从反转录载体、包装细胞系、靶细胞等方面肯定了反转录载体及其整个系统用于基因治疗的可行性以及遗传病进行基因治疗的可能性，从而表明基因治疗将不再是幻想家的一番空想，而是一块有待开发的医学绿洲。

衰老分子生物学巡礼[1]

——1989 年洛杉矶讨论会概要

1989 年 3 月 4 ~ 10 日，在美国新墨西哥州的 Santa Fe 城，由 C. Finch 和 T. Johnson 组织了一次"衰老分子生物学研讨会"。来自美、加、日、意、德、澳大利亚、奥地利、瑞典、瑞士、丹麦等 10 国的专家、学者参加了这次盛会。会议就寿命的遗传学、基因结构与衰老、DNA 修复与衰老、基因调控与衰老、细胞寿命、衰老相关疾病的分子发病机制、衰老的分子生理学、衰老的分子机制等方面进行了广泛交流。会议论文全面反映了衰老分子生物学的最新进展，因而可说是此学科的一次大型检阅。现将提交会议的论文作简要综述。

一、寿命的遗传学

衰老研究得最深入问题之一就是衰老的遗传学。在此次讨论会上，华盛顿大学的 GM. Marcin 就衰老、寿命的遗传学作了综述。他指出：如果反复生殖的种

1《国外医学—分子生物学分册》，12（1）：44，1990

族其生殖后寿命的选择是间接的、非适应性的，那么功能衰退和随年龄增加的疾病发生率（影响着寿命）的病理状况就会在一定程度上随种属、个体的不同而不同。这样，人们会发现一系列遗传位点、等位基因的变异与种属及个体的寿命相关。但此结论并未排除这种可能性，而在许多生物种属各种可能的衰老过程中，存在一种或多种相同的过程。此乃研究众多生物种属衰老的遗传基础的原因。作者提出的模式系统强调了衰老、寿命的遗传学分析对老年医学的价值，并表明对某些年龄相关疾病的遗传学分析有助于对衰老分子机制的了解。

衰老的免疫理论指出：调节许多免疫系统的 MHC 系统影响最长寿命。20 世纪 70 年代，利用 H-2 同系小鼠从存活曲线和年龄相关的肿瘤发生率两方面获取了直接证据。此次会上，RL. Walford 表明 MHC 可影响大量非免疫系统：如某些自由基清除酶、混合的功能氧化酶、DNA 修复和生殖衰老。而这些均与衰老相关。MR. Rose 则指出，果蝇的许多突变体其寿命大大缩短。其中某些突变体表型的某些方面变异极大（如体形）。然而，是衰老的加速还是表型变异的病理效应导致死亡，尚有争议。实际上，得到一种真正的衰老加速或衰老延迟的突变体极为困难。D. Subobscura 有一种突变的等位基因可同时导致雌性卵巢缺乏、寿命延长。它类似于 C. ele-gańs 的 age-1。但由于位点连锁所致的近交退化，不大可能从果蝇中筛选出短命的突变体。寿命增加的突变体则通过远交的实验室繁殖得到。研究表明这些品系在许多位点上与野生型不同，而这些位点一般说来存在能产生附加效应的等位基因。作者研究了遗传性长寿命的生理机制，发现了许多有关的生理变化。其中某些变化是基因多种效应间的相互关联，而其他变化则独立起作用。作者强调指出，对长命群体做遗传学与生理学的对应分析是一条十分有效的研究途径。EW. Hutchinson 等的工作更深入（其文章放在论文集的首位）。他们所用的材料是一种寿命增加 70% 的单一基因（age-1）突变体。（age-1）已在线虫 C. elegans 的第二连锁群上定位，是一种隐性基因。它既可影响雄体，也可影响两性体（使其自育力下降 4/5）。作者正采用多因子杂交和缺陷分析对此基因进行精密定位，并正在克隆。他们认为它仅是大量未知的控制寿命的基因的代表。此研究最重要的结果是：此生物的寿命由野生型 age-1 基因的产物限制，此基因的失效即导致寿命的延长。此项工作使衰老的遗传学研究进入基因水平。age-1 的克隆将使衰老生物学研究步入新的时代。由此可见，将遗传学列入本会的第一个议题，将 EN. Hutchinson 等的工作放在会议论文集的首位是不难理解的。

此方面，除了上述会上宣读的4篇论文外，还有8篇墙报。

EW. Hutchinson 在果蝇中筛选到衰老延迟突变体，并证明它们以孟德尔方式遗传、不近交退化、非性连锁、非全直接显性。数量遗传分析表明，1 个以上的位点参与寿命延长。WJ. Mackay 等则对果蝇的过氧化氢酶缺陷突变体进行了遗传学及分子生物学分析，以检验衰老的氧自由基理论。结果表明，这些突变体在标准实验室条件下可以存活，但寿命大大缩短。作者已经克隆过氧化氢酶基因并正进行分子生物学分析。为检验抗氧化剂酶的过量表达能否延长果蝇的寿命，他们正将多拷贝过氧化氢酶基因通过 P- 因子介导的转化导入果蝇的基因组内以进行观察。A. Macieira-Coelho，JW. Gau-batz 等、LJ. Wangh 等分别从 DNA 水平上探讨了衰老的分子机制。前者利用扫描电镜观察了细胞衰老期间 DNA 在细胞分裂过程中存在不均等分配，而且在 30、10nm 染色质纤维等 DNA 不同层次的超级结构中，均发现有重组 (reorganization) 现象。Gaubatz 等则探讨了染色体外环状 DNA（ecc DNA）中的重复序列与不同组织衰老的关系。观察到不同组织中 ecc DNA 的重复顺序不同。对于 1~8 个月小鼠，其肝、脑 ecc DNA 中的重复顺序大幅度下降，随后保持不变。与此相反，在 1 ～ 16 个月期间，心脏 ecc DNA 的重复顺序稳定不变，到 24 个月才下降 50％。由此看到，ecc DNA 的重复顺序可以作为多种组织衰老的生物标记。后者引入高分辨率双向 DNA 胶电泳观察整个基因组或基因组亚组分中基因结构的模式变化或修饰。他们观察到衰老细胞 DNA 中甲基化大为降低并有其他结构变化。与上面有所不同，D. Busbee 等、

L.K. Dixon、OZ. Sellinger 等以酶与蛋白的变化研究了衰老的分子机制。前者发现 DNA 多聚酶 α 可以几种同工酶形式存在，其形式决定于细胞周期时相和细胞供体年龄与体外传代数。Dixon 在过氧化物酶的四种同工酶形成中发现最适 pH 为中性的同工酶随年龄增加而发生显著变化。后者则发现人脑髓磷脂碱性蛋白羧甲基化程度与衰老直接相关。

二、基因结构与衰老

DNA 甲基化是转录调控因素之一。它可阻止或增加反式作用因子的结合。文献中曾报道小鼠肝中 DNA 甲基化随年龄增加而减少，附加序列（如卫星 DNA、α_1 球蛋白）在衰老过程中逐渐失去甲基化。L. Spuck 等正努力确定哪些限制因素参与衰老相关的去甲基化。他们认为甲基化位点的专一性、DNA 甲基转移酶作用的调节、5– 甲基胞嘧酸糖基酶的参与和衰老相关。K. Randerath 等研究了衰老哺乳动物组织中的加合物样 DNA 修饰（即 I – 复合物）。此化合物最近才被发现。它在体内的含量随衰老增加。作者发现，此化合物有组织、种属特异性，在肝脏中的含量可为非致突性致癌剂减低。它是一种 DNA 结构的永久性变化，影响 DNA 的复制并由此引起细胞恶变或衰老。

三、DNA 修复与衰老

整个基因组 DNA 能被修复的程度并不是细胞对 DNA 损伤敏感度的良好衡量指标，它也不可能是影响衰老的主要因素。但是，在衰老过程中，对特定基因优先修复的模式却有着细微的变化。分化过程中被修复基因种类的变化间接影响着衰老。PC. Hanawalt 等利用大鼠研究了终极分化对 DNA 修复精细结构的影响。通过观察一种表达随分化而变化的基因，表明表达越高的基因损伤后被修复的程度越高。转录基因与不转录基因相比，损伤后修复的动力学不同，前者更为迅速。P. Hartman 在线虫中观察了 DNA 修复与衰老的关系。结果是：①几种 rad 突变体的寿命均正常；②5株寿命（13~30.9天）的突变体对DNA损伤剂的敏感度相同；③存活期长的幼虫在数月内其辐射敏感性不变。作者由此指出，对于线虫，DNA修复在正常衰老过程中作用很小。

四、基因调控与衰老

饮食限制是延长哺乳类寿命的唯一实验措施（可延长30%）。它能对所有组织的多种生理、病理过程产生广泛影响。它的作用改变了衰老速度。A. Richardson等探讨了饮食限制延长寿命的分子机制。他们发现它对雄性大鼠肝脏中与衰老相关的大量基因表达的变化有影响。它阻止了α_{2u}球蛋白表达因衰老而出现的下降，提高了此蛋白基因的转录和翻译。同时，超氧化物歧化酶（SOD）基因、过氧化氢酶基因的转录和翻译也提高了50%，但脱脂蛋白B和c-myc因衰老而出现的表达增加则不受其影响。此外，还发现肝脏中热激蛋白70的产率随年龄增加而大幅度下降。作者认为，这种变化中至少SOD和过氧化氢酶表达的增加会有利于寿命的延长。ME. Weksler等分析了人免疫衰老的分子基础。他们发现，老年人与年轻人比，一半T淋巴细胞不能被PHA活化，损伤发生在活化的前两步，在c-myc原癌基因第二外显子转录之前。他们还发现老人的半数以上T细胞不能表达高亲和力IL-2R。这种缺陷是由于IL-2于IL-2R间的相互作用受破坏。而这两种分子的相互作用对T细胞的增殖至关重要。另值一提的是，BH. Bowman等建立了人转铁蛋白的转基因小鼠。AJ. Unterbeck等构建了含有不同调控区域的APP表达载体。它们都正被用来研究与衰老相关的基因表达的调控。

五、细胞寿命

K. Bayreuther研究发现，雏鸡、小鼠、大鼠、人等的皮肤、肺中的成纤维干细胞系统可演变为9种细胞，这些细胞分别分布于4个不同"库"（干细胞库、增殖与分化库、后分裂与成熟库、退化库）。前 3 种能增殖的库的数量无论在体内还是在体外均随衰老而急剧减少。JR. Smith 等则发现了细胞衰老的负生长调控。他们观察到，无论将正常人成纤维细胞与多少数量的永生（immortal）人细胞形成融合体，它们在培养中分裂潜能总是有限的。从而表明细胞衰老的表型为显性，细胞永生是源于隐性变异。通过互补实验，证明有 4 个互补群与细胞永生相关。同一互补群内的细胞融合，细胞获得永生。群间融合的细胞其寿命不是无限期的。因此，作者认为有四条途径通向细胞永生。在一系列实验中，均发现衰老细胞产生抑制 DNA 合成起始的蛋白因子，这些细胞还含有丰富的能抑制 DNA 合成的 mRNA。微注射实验证明这些 mRNA 通过抑制 DNA 合成的起始而起作用。目前作者正努力分离这种蛋白质因子及其 cDNA。

六、衰老相关疾病的分子发病机制

K. Bryreuther 等指出，Alzheimer 氏病（AD）的特征是 42 到 43 残基的淀粉粒 A_4 蛋白（又称 β 蛋白）在大脑中的大量沉积。此蛋白源于前体的裂解。相似的过程中在所有 Down 氏综合征病人的早期也出现。在 AD 发病过程中有两种不同途径。一是 fre-A_4 在胞内加工，先后形成 A_4 聚合物、神经纤维团；二是 pre-A_4 在胞外加工，形成淀粉斑或脉管胶质纤维。淀粉粒 A_4 蛋白在神经元内或突触间的沉积是导致 AD、DS 病人痴呆的最重要原因。H.Vlassara 报告了一种能解释衰老与糖尿病多种并发症的机制——非酶催化的蛋白高度糖基化。他发现，蛋白的高度糖基化会形成不可逆的高度糖基化终产物（advanced glycosylation endproduct，AGE）。这种产物会在长期存在的蛋白（如胶原蛋白、基质膜蛋白、眼晶体蛋白、髓磷脂蛋白）中不断累积，导致众多系统的衰老变化（如血管小球、毛细血管基质膜加厚、动脉粥样硬化、关节周僵硬与外周神经病）。这种修饰还能改变遗传物质的结构与功能。此外，作者还讨论了 AGE、AGE 受体与人、鼠巨噬细胞的作用、胰岛素对这种作用的强烈抑制、AGE-AGE 受体耦联导致 TNF、IL-1 的合成与分泌。最后，作者指出，6 个月小鼠与 2.5 岁小鼠相比，巨噬细胞中 AGE 受体的数量和亲和力均要高出 2 倍多。从而表明，年龄越大，AGE 积累越多，且机体对 AGE 的清除能力也越差，由于 AGE 的作用，机体衰老的程度必然随年龄增加而加剧。

七、衰老的分子生理学

大部分癌症的发生率都与年龄呈正相关。为了肯定这种增加的危险是否源于衰老细胞对恶性转化的敏感性增加，T. Kunisada 等用起始点缺陷的 SV40DNA 转染衰老的大鼠成纤维细胞并计数转化灶。结果表明，衰老细胞的转化灶数大大高于胚胎细胞或断奶鼠细胞。作者用 G418 抗性基因作平行转染实验证明这种增加不是因为细胞对 DNA 摄取量的增加、DNA 整合或外源 DNA 表达的增加。SM. Jazwinski 等则在衰老酵母中发现了复制限制和不同的基因表达。早已知道，出芽酵母的分裂次数有限，而且当细胞衰老时其传代时间延长。他们证明酵母中衰老表型为显性，且由衰老细胞产生的一种胞质因子控制，控制点在 G_1 与 S 期交界处。为了找到此因子的基因，作者观察并克隆了细胞在衰老过程中表达不同的基因，其中有两个基因被证明不仅为静止期特有，而且为衰老期特异。

酶是功能的直接执行者，衰老必然与酶相关。此次会上，这方面的文章不少。N. Ishit 证明 SOD 含量降低直接导致 c. elegans 寿命缩短。EJ. Blumenchal 等观察了小鼠脾细胞跨膜信息传递系统衰老的变化。发现 cAMP 依赖的蛋白激酶(pK-A) 活性降低, Ca^{2+}/磷脂依赖的 pK-C 活性在 6 个月龄时就开始大幅度下降。作者推测，衰老动物免疫反应的衰退是由于 pK-A R 亚基和 pK-C 的降解及所致的两激酶活性的丧失。PE. Starke 等则发现，大鼠肝脏氧化蛋白的水平随时间（从 3 到 26 个月）急剧增加，而从 20 到 26 个月，增加幅度最大。肝脏中至少有两种酶（谷酰氨合成酶，葡萄糖 -6- 磷酸脱氢酶）活性下降，不稳定性增加。它们因为金属催化的氧化（MCO）反应而失活。经 MCO 后的蛋白更易被胰酶、枯草菌溶素以及碱性半胱氨酸蛋白酶分解。老动物肝脏仅含有 20% 年轻动物的碱性蛋白酶，9 种碱性蛋白酶中有 2~3 种随衰老急剧下降。另外，众所周知，能量限制（CR）能延长寿命、减缓衰老的生理、病理变化。DL. Schmucher 等首次证明 CR 大大推迟了衰老所致的肝脏微小体单氧酶活性与浓度降低的过程。

结构蛋白方面的工作也值一提。S. Rattan 等发现衰老过程中蛋白合成减慢，并证明是由于延长因子（EF）的失效。他们还报告了细胞周期，衰老过程中活性 EF-1α 的数量、催化活性、RNA 水平的变化。JH. Jahngen 等在老人或白内障患者的眼晶体中观察到大量损伤蛋白的积累。这些蛋白有些可溶，有些不溶，但均来自衰老相关的合成后修饰。

八、衰老的分子机制

会议论文集中，归在这一题目之下的文章有 34 篇。我们认为下面几篇对国内同仁有较重要的参考价值，其他各篇与前面雷同，故略去。

PJ. Hornsby 等发现，在细胞衰老过程中存在随机丧失分化功能基因表达的过程。他们观察到，牛肾上腺皮质细胞经长期培养，其中分化功能基因——甾体 17α- 羟基酶基因的表达在子代细胞中随机丧失。作者利用多种方法探讨了细胞复制能力丧失与此基因表达下降的关系，结果表明无直接关系，但证明复制对于开启基因表达是必需的。而 AL. Spiering 等证明 DNA 复制与衰老直接相关。他们在衰老和静止的人二倍体成纤维细胞中发现了 DNA 合成抑制因子。虽然功能相同的因子在永生的人细胞系 SUSM-1 中组成性地表达，但这两类来源不同的因子对温度、胰酶、环己亚胺、嘌呤霉素的敏感度不同。作者认为这是一类新型的生长负调控因子，执行控制寿限的遗传程序。GR. Grotendorst 等则通过 TGF-β 对不同种属来源内皮细胞生长的影响探讨了衰老的机制。他们发现，TGF-β 对内皮细胞只要作用 1 小时，即可完全抑制生长并使其失去对生长因子的反应。如作用时间延长，则会使胞质体积增大和出现其他类似于衰老细胞的特征。这些变化伴随着细胞表面高亲和力 EGF 受体数量的变化和那些可经生长调控基因（c-fos,c-myc 和其他生长因子基因）诱导的基因表达的变化。因此，作者认为衰老表型是某些生长调控基因产物产率降低的结果。HC. Yang 等表明细胞衰老是由于细胞周期停滞在早 G_0/S 期，而且证明蛋白激酶 C 和 87 KD 蛋白的磷酸化在其中起调节作用。

有些文章指出了基因突变在衰老机制中的作用，报道了衰老特异基因的分离。MM. Kay 等以 RBC 为模型，进行了衰老指标及衰老机制的研究。他们发现了 RBC 带 3 的二种突变及其临床变化。一种突变源于一种插入、位于带 3 的跨膜阴离子传运区域，另一种突变以衰老加速为特征。这种带 3 被命名为"快衰带 3"（fast senescence band 3）。DA. Keinsck 利用纤维结合素所做的工作则更深入、精细。他分别检测了年轻的、有增殖能力的、以及衰老的人二倍体成纤维细胞基因表达的变化。其方法是分别采用年轻和衰老细胞特异的 cDNA 探针对衰老细胞 cDNA 文库进行差别筛选。少于 0.05% 的重组子表达衰老特有的活性。这种衰老特有的 cDNA 克隆能与 7.8kb 大小的 mRNA 杂交，其 cDNA 序列与人纤维结合素的 3' 末端部分有同源性。这种糖蛋白 mRNA 的水平反映细胞的生长状态（年轻的、增殖的细胞中这种 mRNA 水平低，增殖停止的、衰老的细胞则相反）。实验还肯定，这种增加并不是由于此基因的扩增或重排，而是由于衰老过程中其序列有所改变。采用同样方法，C. Winstrom 等获得了 6 个衰老相关的 cDNA 克隆。片段最长的为 1.8kb，被命名为 SAG1（senescence-associated gene）。基因总长为 2.8kb，其表达在老细胞中高 5 倍，而在细胞周期中表达无变化。由此得知，衰老细胞中 SAG1 表达的不同并不是由于衰老细胞只能处于 G_0 期，而只能直接与衰老相关。序列测定后经比较表明，在所有已知序列中没有相同顺序。在 SA40 转化的 W138 细胞中可见到其表达，HeLa 中则没有。此外，SAG1 不能与大鼠或小鸡 DNA 杂交，表明它为人类所特有。作者还指出，虽然 SAG1 是迄今为止在衰老细胞中发现的唯一高调节 (up-regulated) 基因，但也存在几种衰老相关的低调节（down-regulated）基因（如精氨酰琥珀酸合成酶基因和胶原蛋白基因）。

综上所述，由于多种先进技术（如 DNA 重组技术、单克隆抗体技术、转基因小鼠、PCR、原位杂交、扫描电镜等），多种有效手段（衰老相关突变体的筛选及其使用、有关基因的 cDNA 分离）的大量引入及应用，衰老分子生物学在短期内取得了长足进展。其中，尤其是衰老有关突变体的获得和衰老相关基因（age-1，SAG1 等）及其 cDNA 分离为衰老分子生物学开辟了新的战场，迎来了新时代的曙光。

胚胎干细胞的研究与利用[1]

郭晓霞　贺福初

　　胚胎干细胞（embryonic stem cell，ES cell）80 年代首次从发育中的小鼠囊胚的内细胞团 (inner cell mass) 分离而来 [2,3]，1998 年又从原始生殖细胞———一种最终分化为精或卵细胞的早期胚胎细胞中得到具有胚胎干细胞相似特性的细胞群，称为胚胎种系（embryonic germ，EG）细胞 [4]。胚胎干细胞具有在体外不分化的无限增殖能力；将之注入体内与完整胚胎形成嵌合体后，胚胎干细胞可以发育

1《科学通报》，45（5）：467-74，2000

2 Evans MJ, Kaufman MH. Establishment in culture of pluripotential cells from mouse embryos. Nature, 1981, 292(9): 154-156.

3 Gail RM. Isolation of a pluripotential cell line from early mouse embryos cultured in medium conditioned by teratocarcinoma stem cells. Proc Nati Acad Sci USA, 1981, 78(12): 7634-7638.

4 Shamblott MJ, Axelman J, Wang S, et al. Derivation of pluripotent stem cells from cultured human primordial germ cells. Proc Nati Acad Sci USA, 1998, 95: 13726-13731.

形成包括生殖细胞在内的一系列成体组织[5]；当处于合适的培养条件下，胚胎干细胞可以分化形成多种细胞类型。正是由于胚胎干细胞这种具有在体外培养下保持未分化状态的增殖能力及分化为多种细胞类型的潜能，使之成为一种研究哺乳动物细胞分化、组织形成过程的基本体系，以及临床移植治疗的新的细胞来源。人们利用胚胎干细胞建立体外分化模型，并建立各种基因改变的胚胎干细胞系，以求发现某些基因或因子在胚胎发育早期对不同类型细胞或组织分化形成的作用。本文将从不同角度概述现今国际上对胚胎干细胞研究和利用的主要进展与趋势。

一、以小鼠胚胎干细胞为基础的体外分化模型

改变维持胚胎干细胞不分化状态的培养条件，例如撤去饲养细胞层，胚胎干细胞可以自发分化形成多细胞结构，即胚胎小体（embryonic body，EB）。胚胎小体含有 3 种胚层：外胚层、中胚层、内胚层。胚胎小体继续分化，可以形成多种细胞类型，包括血细胞、内皮细胞、肌细胞及神经元等等。

（一）血细胞生成及血管发生

在发育过程中，小鼠胚胎造血系统的细胞种系发生及发生位点都发生了巨大而迅速的变化。原始血细胞生成（primitive hematopoiesis）是血细胞发育的最早阶段，发生于卵黄囊的血岛处，仅仅产生单一的红细胞群，通常称作祖红细胞或胚胎红细胞。3 ~ 4 天后，在胚胎主动脉－性腺－中肾处出现胚内血细胞生成系统，稍后则位于胎肝，这时产生的是包括成熟红细胞在内的广谱细胞类型，称为确定性血细胞生成(definitive hematopoiesis)过程，当确定性血细胞生成建立后，卵黄囊的原初血细胞生成下降，不再产生祖红细胞。

尽管对造血系统的发育过程早已熟知，但对于原始血细胞生成系统与确定性血细胞生成系统之间的关系及它们的调节机制仍很不清楚。近年来利用基因打

5　Bradley A, Evans M, Kansfaman MH, et al. Formation of germ-line chimaeras from embryo-derived teratocarcinoma cell lines. Nature, 1984, 309: 255-258.

靶技术研究发现两者之间的转录调控及生长控制存在着明显差异，但这是否说明这两个系统存在着不同的发育程序、受不同的分子机制调节、表现不同的生长需求，还需进一步研究。Keller 等人[6]通过体外培养胚胎干细胞，并使其形成胚胎小体，进一步分化得到血细胞的早期前体细胞，这样可以得到较多的极早期发育的血细胞群，同时可以引入特定基因突变，使在发育过程中短暂表达的 *hoxll* 基因在胚胎干细胞体系模拟的胚胎造血发育过程中长期表达，来研究 *hoxll* 基因在血细胞生成过程中的作用及两种血细胞生成系统之间的关系。结果发现 *hoxll* 基因有支持产生原始造血细胞系的能力，*hoxll* 基因过表达的胚胎干细胞分化得到的造血细胞系同时具有原始血细胞生成和确定性血细胞生成的潜能。这是首次确定一个克隆细胞系同时具有原始和确定造血发生的潜能，因此提供了进一步确定原始红细胞系的生长调节和分子调控机制的独特系统。

现在已有的胚胎干细胞体外向造血干细胞分化的系统大都需要形成复杂的胚胎小体结构或加入外源生长因子，为了避免复杂的分化结构及过程，分析由胚胎干细胞向血细胞分化的时相点，Nakano 等人[7]建立了一个新的小鼠胎肝基质细胞系 OP9，它不能产生功能性的巨噬细胞集落刺激因子（macrophage colony-stimulating factor，M-CSF）。将胚胎干细胞在 OP9 饲养细胞层上培养，便可有效地使其向造血细胞分化，并进一步分化为成体红细胞、骨髓细胞和 B 系淋巴细胞。这对于研究造血系统的形成及分化的时相、因子调控等提供了极大的帮助。

胚胎干细胞可体外分化成造血干细胞，并可进一步分化形成红细胞及淋巴细

6　Keller G, Wall C, Andrew ZCF, et al. Overexpression of HOX11 leads to the immortalization of embryonic precursors with both primitive and definitive hematopoietic potential. Blood, 1998, 92(3): 877-887.

7　Nakano T. In vitro development of hematopoietic system from mouse embryonic stem cells: a new approach for embryonic hematopoiesis. International Journal of Hematology, 1996, 65: 1-8.

胞等的前体细胞，但能否产生功能性的终末分化细胞呢？ Eichmann 等人[8]将胚胎干细胞来源的淋巴前体细胞注入淋巴缺失小鼠中，发现存在至少两种不同的淋巴前体细胞亚群，一种表达 CD45 受体的亚群能暂时产生 IgM^+IgD^+ 的 B 细胞，但不产生 T 细胞；而不表达 CD45R 的亚群，可以得到长期的 T、B 淋巴细胞，可恢复受体鼠的体液及细胞介导的免疫反应。这种体内比较实验证实了由胚胎干细胞来源的造血干细胞具有进一步的分化发育能力。

利用基因突变的胚胎干细胞，还可以研究小鼠胚胎发生过程中，不同组织间的相互作用对血细胞生成及血管发生的影响。Bielinska 等人建立了 gata-4$^{-/-}$ 的小鼠胚胎干细胞系[9]。gata-4$^{-/-}$ 胚胎干细胞体外分化形成无内脏内胚层的胚胎小体。而在胚胎发生过程中，血岛（原始的血细胞生成及内皮细胞形成的位置）发生于卵黄囊的内脏内胚层和中胚层的侧壁。利用 gata-4$^{-/-}$ 胚胎小体可以研究内脏内胚层在原始血细胞生成及血管发生中的作用。结果发现 gata-4$^{-/-}$ 胚胎小体不能形成可辨认的血岛和血管，原始红细胞生成量降低，但内皮转录因子的表达量不受影响。说明内脏内胚层对卵黄囊血岛及血管的形成及组成很重要，但对原始红细胞及内皮细胞的分化是不必要的[9]。

胚胎干细胞形成胚胎小体后继续发育分化可以形成内皮祖细胞（flk-1$^+$ 细胞），内皮祖细胞通过分化、增殖、迁移及细胞间黏附作用共同调节形成原始的血管

8 Potocnik AJ. Kohler H. Eichmann. K. Hemato-lymphoid in vivo reconstitution potential of subpopulations derived from in vitro differentiated embryonic stem cells. Proc Nati Acad Sci USA, 1997, 94: 10295-10300.

9 Bielinska M, Narita N, Heikinheimo M, et al. Erythropoiesis and vasculogenesis in embryoid boydies lacking visceral yolk sac endoderm. Blood, 1996, 88: 3720-3730.

丛，在血管发生过程中起非常重要的作用[10,11]。内皮祖细胞（*flk*-1⁺细胞）不需要外源生长因子，便能自发地在体外形成成熟的内皮细胞，但其增殖过程，尤其是在较低细胞密度下的增殖，需要 OP9 饲养细胞及血管内皮生长因子（vascular endothelial growth factor，VEGF）。在胚胎干细胞分化形成胚胎小体时，加入 VEGF 等血管生成生长因子混合物可显著提高胚胎小体中原初血管状结构的发育，其机制与高浓度 VEGF 促使内皮细胞迁移相关。胚胎干细胞形成胚胎小体并进一步发育分化的过程中，存在着连续的、自发的内皮细胞分化，并且在发育分化的不同时期表达不同的内皮特异性分子，重演了体内血管发生过程[10]。因此，可以通过研究胚胎干细胞体外分化模拟体内血管发生过程，来研究血管发生的调控因子，寻找治疗心脑血管疾病的有效方法。

（二）肌细胞与心肌细胞的形成与分化

胚胎干细胞可体外分化形成复杂的胚胎小体，胚胎小体表现了 4 ～ 10 天小鼠胚胎的许多特性，包括产生节律性收缩的区域。利用 RT-PCR 及 RNA 印迹法发现 4 种肌肉特异的肌动蛋白基因在胚胎小体中均有表达，并且存在于至少两种不同的细胞群中[12]。成纤维样细胞中高水平表达两种平滑肌肌动蛋白，而心肌细胞中有一或两种横纹肌肌动蛋白表达，并且和胚心一样，心肌样细胞中也有 α - 平滑肌肌动蛋白和横纹肌肌动蛋白共同组成的肌节[12]。

---

10 Hirashima M, Kataoka H, Nishikawa S, et al. Maturation of embryonic stem cells into endothelial cells in an in vitro model of vasculogenesis. Blood, 1999, 93: 1253-1263.

11 Vittet D, Prandini MH, Berthier R, et al. Embryonic stem cells differentiate in vitro to endothelial cells through successive maturation steps. Blood, 1996, 88(9): 3424-3431.

12 Willie ANG, Doetschman T, Robbins J, et al. Muscle isoactin expression during in vitro differentiation of murine embryonic stem cells. Pediatric Research, 1997, 41(2): 285-292.

　　自从 Doetschman 等人 [13,14,15] 发现在一定条件下，胚胎干细胞可以自发分化形成能自主跳动的心肌细胞后，胚胎干细胞便成为研究心脏基因表达和功能的有力工具。Doetschman 等人还发现，胚胎干细胞分化的心脏特异基因的表达图式重演了体内心肌发育的基因表达。而研究胚胎干细胞体外成心系统，了解成心过程中心脏特异基因的表达图式及作用，有利于心脏疾病治疗药物的发现及器官的移植等。

　　Klug 等人 [16] 建立了一种带有选择性标记基因的胚胎干细胞，体外分化时，在培养体系中加入抗生素，由于采用一种心脏特异性启动子启动胚胎干细胞分化的心肌细胞表达抗生素抗性基因，从而使分化的心肌细胞存活，而非心肌细胞被破坏，得到近似单一的心肌细胞群。这种方法近来已用于获取大量胚胎干细胞来源的心肌细胞作为供体移入体内心脏。

（三）神经系统

　　维甲酸（retinoic acid）可诱导胚胎干细胞体外定向分化为神经元。在无血清而有 2- 巯基乙醇（2-mercaptotethanol）的条件下，胚胎干细胞可不形成胚胎小体而直接被诱导分化为神经元 [17]，这种方法大大缩短了体外分化的时间。

　　胚胎干细胞分化而来的神经元中基因表达图式与体内神经细胞分化过程中的

---

13 Doetschman TC, Eistetter H. Katz M, et al. The in vitro development of blastocyst-derived embryonic stem cell lines: formation of visceral yolk sac, blood islands and myocardian. J Embryol Exp Morph, 1985, 87: 27-45.

14 Joseph MM, Linda CS, Elizabeth MR, et al. Embryonic stem cell cardiogenesis (applications for cardiovascular research). TCM, 1997, 7(2): 63-68.

15 Joseph MM, Lin W, Samuelson LC. Vital staining of cardiac myocytes during embryonic stem cell cardiogenesis. Circ Res, 1996, 78: 547-552.

16 Klug MG, Soonpa MH, Kol GY, et al. Genetically selected cardiomyocytes from differentiating embryonic stem cells form stable intracardiac graftes. J Clin Invest, 1996, 98: 216-224.

17 Castro-Obregon S, Covarrubias L. Role of retinoic acid and oxidative stress in embryonic stem cell death and neuronal differentiation. FEBS Letters, 1996, 381: 93-97.

基因表达图式极为相似。在维甲酸作用下，编码神经特异性基因的 mRNA 表达量显著上升，而中胚层基因的 mRNA 表达受抑制。因此，维甲酸对于体外培养的小鼠胚胎干细胞具有促神经元生成和抗中胚层形成的两种活性作用[18]。人们认为，维甲酸并非直接作用于每种基因，而可能是启动了一种预先存在的神经元基因表达的共同通道。另一种解释是，神经元的分化是一种内定（default）途径，而维甲酸有阻碍向其他方向选择的作用，从而迫使胚胎干细胞向神经元分化[19]。对于神经干细胞的分化也已有一些了解。例如向培养中的神经干细胞中加入神经调节蛋白和骨形态发生素 2（bone morphogenic protein2，BMP2）等，可以促使其分化为神经元、神经胶质细胞和平滑肌等。但即使用已知最好的神经生长因子，也最多能使一半的干细胞形成神经元，这可能是由于发育中的神经元需要周围细胞间信号通讯，而这种三维空间上的位置关系可能决定了干细胞的最终分化类型。

从上可见，自发现胚胎干细胞至今 10 多年来，人们已经利用胚胎干细胞建立了多种细胞类型的体外分化系统，胚胎干细胞对于研究哺乳动物发育生物学的巨大帮助已经由对小鼠的大量研究而证实。胚胎干细胞分化的多种细胞类型都曾被成功地植入胎鼠或成体鼠中，在受体体内形成功能性的细胞群[20,21,22]。利用胚胎

18 Bain G, William JR, Yao M, et al. Retinoic acid promotes neural and represses mesodermal gene expression in mouse embryonic stem cells in culture. Biochem Biophys Res Commun, 1996, 223: 691-694.

19 Green JBA. Roads to neuralness: embryonic neural induction as derepression of a default state. Cell, 1994, 77: 317-320.

20 Kennedy M, Firpo M, Choi K, et al. Common precursor for primitive erythropoiesis and definitive haematopoiesis. Nature, 1997, 386: 488-493.

21 Deacon T, Dinsmore J, Costantini LC, et al. Blastula-stage stem cells can differentiate into dopaminergic and serotonergic neurons after transplantation. Exp Neurol, 1998, 149: 28-41.

22 Brustle O, Spiro AC, Karram K, et al. In vitro-generated neural precursors participate in mammalian brain development. Proc Mati Acad Sci USA, 1997, 94: 14809-14814.

干细胞产生携带某些特定突变基因的动物，可研究此基因在胚胎及个体发育过程中的功能。胚胎干细胞体外分化体系还被成功地用于确定一些细胞活性因子，因而提供了一个在细胞水平上分析基因功能的强有力的模型系统。

二、小鼠胚胎干细胞增殖及未分化状态维持机理的研究

如上所述，近 10 年来已经建立了多种胚胎干细胞体外分化模型，但对于体外培养条件下胚胎干细胞是通过怎样的途径来维持其多潜能不分化的增殖状态还不甚了解。近年来，利用基因突变等手段，通过筛选不同的突变胚胎干细胞系，试图找出维持其增殖、抑制其分化的因子和作用机制，来进一步了解胚胎内干细胞增殖的分子调控机制。

体外培养下，胚胎干细胞的不分化的多能性目前均是靠加入外源的白血病抑制因子（leukemia inhibitory factor，白介素 6 型细胞因子家族中一员）来维持，这些细胞因子通过信号受体复合物 gp130 激活 Janus 酪氨酸激酶及 Stat（signal transducer and activator of transcription）的信号级联传导来作用于胚胎干细胞内的靶基因。缺失功能性 gp130，则 Stat 活性降低，进而导致白血病抑制因子不能抑制胚胎干细胞分化 [23]。胚胎干细胞当用维甲酸诱导或撤除白血病抑制因子而出现分化时，酪氨酸磷酸化的 Stat-3 含量迅速降低，说明其 DNA 结合活性降低。与 Stat-3 参与诱导体细胞类型的分化作用相反，Stat-3 活性水平对于维持胚胎干细胞未分化状态起决定作用 [24, 25]。但同时，Stat-3 的活性变化并不影响胚胎干细胞的

---

23 Ernst M, Novak U, Nicholson SE, et al. The carboxyl-terminal domains of gp130-related cytokine receptors are necessary for suppressing embryonic stem cell differentiation. Involvement of STAT3. J Biol Chem, 1999, 274(14): 9729-9737.

24 Niwa H, Burdon T, Chambers I, et al. Self-renewal of pluripotent embryonic stem cells is mediated via activation of STAT3. Genes & Development, 1998, 12: 2048-2060.

25 Raz R, Lee CK, Cannizzaro LA, et al. Essential role of STAT3 for embryonic stem cell pluripotency. Proc Nati Acad Sci USA, 1999, 96(6): 2846-2851.

增殖[25]。多潜能的增殖胚胎干细胞中无 Stat-5，但在诱导胚胎干细胞分化早期时有 Stat-5 的转录，分化两天后便可检测到 Stat-5 蛋白，这说明 Stat-5 是胚胎干细胞分化极早期的一个新的标记分子[26]。

体外培养的胚胎干细胞，撤除白血病抑制因子会出现分化。为研究其机制，人们建立了一些不依赖于白血病抑制因子维持未分化状态的突变胚胎干细胞系。例如，Anthony 等人[27] 用基因插入突变的方法，通过筛选得到一株胚胎干细胞系（Poly27）。它不需要外源白血病抑制因子保持体外的不分化状态，向培养液中加入分化诱导化学物则可以诱导其分化。这可能是因为胚胎干细胞中参与调节白血病抑制因子产生的基因发生突变，过量表达白血病抑制因子，因此减少了胚胎干细胞为保持体外不分化状态而对外源白血病抑制因子的需求，或者是因为与其他干细胞系比较，Poly27 对白血病抑制因子更加敏感，因此只需要较少的白血病抑制因子便可维持体外不分化的状态。此外，有实验表明有些不依赖白血病抑制因子的胚胎干细胞系中白血病抑制因子 mRNA 量并未增加[28]，说明外源白血病抑制因子可能对维持胚胎干细胞的多潜能状态不起主要作用，或者至少有一种不需要外源白血病抑制因子参与的信号转导途径来保持胚胎干细胞体外不分化状态。

三、利用胚胎干细胞及基因打靶技术建立转基因动物模型

20 世纪 80 年代转基因鼠的产生使人们致力于建立有效的分析系统来从分子水平上研究不同的生物学问题[29]。到了 90 年代通过基因打靶在基因组水平上建立

26　Nemetz C, Hocke GM. Transcription factor STAT5 is an early marker of differentiation of murine embryonic stem cells. Differentiation, 1998, 62(5): 213-220.

27　Anthony RG, Ashley RD, Ernst M. Isolation and characterization of a leukaemia inhibitory factor-independent embryonic stem cell line. Int J Biochem Cell Biol, 1997, 29(5): 829-840.

28　Christoph NB, Karin SS. Selfrenewal of embryonic stem cells in the absence of feeder cells and exogenous leukaemia inhibitory factor. Growth Factors, 1997, 14: 145-159.

29　Palmiter RD, Brinster RL. Germ line transformation of mice. Ann Rev Genet, 1986, 20: 465-499.

突变体已经成为近年来广泛应用的技术 [30,31,32]。建立于胚胎干细胞和基因打靶技术上的复杂的转基因体系无疑得到了普遍的应用，这项新技术对分子生物学、生理学、发育生物学等各个领域都产生了重要的影响。利用这项技术不仅可以将一些在发育过程中对动物体通常不必需或可被取代的特定基因敲除（gene knock-out），在体内进行功能缺失研究；还可以通过基因功能获得性突变（gene knock-in）使特定基因在体内发育瞬间表达或某些时期长期表达，来研究基因在胚胎不同发育时期中的作用。这其中最主要的发现是胚胎干细胞系的分离及其未分化状态在体外的永久保持的特性，并且这些细胞能够重新植入胚胎内发育成包括生殖系在内的各种组织。另外，胚胎干细胞作为一种转基因系统最令人瞩目的优点是它能够产生大量的细胞作为一种体外细胞系，提供了一个研究处理整体细胞群的实验体系，因此就有可能产生一些发生几率较小的基因改变，如对胚胎致死性基因的研究 [33,34,35]。此外，即使得到的理想基因突变的细胞克隆非常稀少，也可能从这些大量的细胞群中分离得到预期克隆用于产生转基因鼠，这样基因改变的模型

30 Brandon EP, Idzerda RL, Mcknight GS. Targeting the mouse genome: A compendium of knockouts. Curr Biol, 1995, 5: 625-634.

31 Brandon EP, Idzerda RL, Mcknight GS. Targeting the mouse genome: A compendium of knockouts. Curr Biol, 1995, 5: 758-765.

32 Brandon EP, Idzerda RL, Mcknight GS. Targeting the mouse genome: A compendium of knockouts. Curr Biol, 1995, 5: 873-881.

33 Schweizer A, Valdenaire O, Koster A, et al. Neonatal Iethality in mice deficient in XCE, a novel member of the endothelin-converting enzyme and neutral endopeptidase family. J Biol Chem, 1999, 274(29): 20450-20456.

34 Weher P, Bartsch U, Schachner M, et al. Na, K-ATPase subunit betal knock-in prevents lethality of beta2 deficiency in mice. J Neurosci, 1998, 18(22): 9192-9203.

35 Castilla LH, Wijmenga C, Wang Q, et al. Failure of embryonic hematopoiesis and lethal hemorrhages in mouse embryos heterozygous for a knocked-in leukemia gene cbfb-myhll. Cell, 1996, 87(4): 687-696.

就建立了。

通过同源重组进行基因靶点突变的技术相对简单，由基因组靶细胞同源的侧翼序列建立携带选择性标记（通常是新霉素抗性基因）的靶点载体，转染导入胚胎干细胞系。同源侧翼序列能指引插入片段导入基因组，而通过选择性标记突变的基因替代原始的野生型序列。然后，把成功导入的胚胎干细胞系注射到囊胚（3.5d 胚胎；32 细胞期）或与桑葚胚（2.5d 胚胎；8~16 细胞期）共培育，形成嵌合体小鼠。1997 年 Templeton 等人[36] 在原有基因重组技术的基础上利用微电穿孔室及改进的电穿孔方法，使细胞死亡数显著降低，使每个胚胎干细胞成功电转的几率由 10^{-5} 到 10^{-6} 提高至 10^{-1}。由于电转频率如此之高，应用这种方法进行基因打靶将不必使用选择性标记。

胚胎干细胞系最常用的遗传背景是 129Sv，一种倾向于自发形成畸胎瘤的小鼠种系，并且广泛应用于早期胚胎发育的研究。从免疫学角度来说，129Sv 尚未充分定义，因此为避免靶点小鼠种系多方面的回交，其他遗传背景的胚胎干细胞系逐渐被发展应用。最近来自于 C57BL/6×CBA/JNCrjF1 小鼠的胚胎干细胞系成功地用于基因敲除[37]。C57BL/6 小鼠种系已经广泛地应用于免疫学领域，并以此为背景建立了许多转基因模型。

应用转基因技术，从简单的序列置换型载体到高度复杂的 Cre-loxP 系

---

36 Templeton NS, Roberts DD, Safer B. Efficient gene targeting in mouse embryonic stem cells. Gene Therapy, 1997, 4: 700-709.

37 Nada S, Yagi T, Takeda H, et al. Constitutive activation of src family kinases in mouse embryos that lack Csk. Cell, 1993, 73: 1125-1132.

统[38,39,40]，现在已经可能通过研究特定基因编码产物的缺失来研究基因的功能，并且对于揭示以前不能在体外充分证明的分子调控作用有着极为重要的帮助。例如1993 年 Sadlack 和 Kühn 等分别建立伴随着炎性肠病发生的失活的 IL-2 基因敲除小鼠及 IL-10 基因敲除小鼠[41,42]。利用基因导入突变在胚胎干细胞水平上进行的基因功能获得性突变也得到了广泛的研究应用[34, 35, 43, 44]。毫无疑问这些新的转基因小鼠将继续提供复合生物学系统的功能及调控的有效的研究体系。

四、人类胚胎干细胞的研究概况及展望

胚胎干细胞对于研究哺乳动物发育生物学的巨大帮助已经由对小鼠的大量研究而证实，但尽管哺乳动物的早期发育有很多相似相同点，对于进一步研究人胚发育、将胚胎干细胞的研究与利用适用于临床，动物模型已远不足用。例如：人类和小鼠的胚盘及所有胚外膜都基本上不同。非人灵长类的胚胎干细胞系也许能提供一种研究人类组织分化的较精细的体外模型，但由于一些伦理及实际技术上

38　Rossant J, Nagy A. Genome engineering: the new mouse genetics. Nature Med, 1995, 1: 592-594.

39　Araki K, Takashi I, Okuyama K, et al. Efficiency of recombination by cre transient expression in embryonic stem cells: comparison of various promoters. J Biochem, 1997, 122: 977-982.

40　Araki K, Araki M, Yamamura K. Targeted integration of DNA using mutant lox sites in embryonic stem cells. Nucleic Acids Res, 1997, 25(4): 868-872.

41　Sadlack B, Merz H, Schorle H, et al. Ulcerative colitis-like disease in mice with a disrupted interleukin-2 gene. Cell, 1993, 75:253-262.

42　Kühn R, Lohler J, Rennick D, et al. Interleukin-10-deficient mice develop chronic enterocolitis. Cell, 1993, 75: 263-270.

43　Tsai FY, Browne CP, Orkin SH. Knock-in mutation of transcription factor *GATA*-3 into the *GATA*-1 locus: partial rescue of *GATA*-1 loss of function in erythroid cells. Dev Biol, 1998, 196(2): 218-227.

44　Soukharev S. Miller JL, Sauer B. Segmental genomic replacement in embryonic stem cells by double lox targeting. Nucleic Acids Res, 1999. 27(18): 21.

的原因，包括人类在内的许多灵长类的胚胎干细胞不能在嵌合体内形成生殖系以供实验研究。

人们一直致力于研究能够在体外培养的人类胚胎干细胞，如同其他哺乳动物的胚胎干细胞，能够自我增殖，并在一定条件下分化形成多种细胞与组织类型供基础研究及移植治疗使用。1998年有两个实验组分别报道分离出了人类胚胎干细胞/胚胎种系细胞[45,46]，它们表现出体外不分化的增殖能力及向多种细胞系分化的潜能，将其注入免疫相容性小鼠也能产生由多种组织构成的畸胎瘤，证实它们确实是人类的胚胎干细胞（胚胎种系细胞）。这些工作是非常令人振奋的，由此不仅掀起了新一轮研究胚胎干细胞的热潮，还引起更多的人关心人类克隆及人类胚胎应用等有关伦理道德问题。由于人类胚胎干细胞的建系成功，使得将胚胎干细胞应用于临床的研究有了重要突破，因此美国 National Institutes of Health（NIH）委员会在非规定申请资助时间内破例为胚胎干细胞的研究提供基金。尽管人类胚胎干细胞的一些特性还需进一步的实验证实，而有的特性如形成嵌合体由于伦理的原因尚无法证实，但一种能够自我更新，组织培养下分化为多种细胞类型的人类细胞必将在基础研究及移植治疗上有着广泛的应用。人们憧憬能够体外产生特定的细胞、组织，乃至器官，在某种程度上说，这将使人类具有了像低等生物一样的再生能力。人们希望能控制胚胎干细胞产生特定的细胞或组织供移植治疗，因为许多疾病仅需一种或少数几种细胞的移植。例如将多巴胺能神经元移植入帕金森病人体内、用心肌细胞置换受损的心脏，或用产生胰岛素的细胞治疗糖尿病病人。至今为止，小鼠胚胎干细胞来源的多种细胞都成功地移植入受体体内，但由于实验条件有限，

---

45 Thomson JA, Joseph IE, Sander SS, et al. Embryonic stem cell lines derived from human blastocysts. Science, 1998, 282(6): 1145-1147.

46 Shamblott MJ, Axelman J, Gearhart JD, et al. Derivation of pluripotent stem cells from cultured human primordial germ cells. Proc Nati Acad Sci USA, 1998, 95: 13726-13731.

或限于受体动物种属的年龄，类似实验的长期结果分析还很少，但已说明这种细胞移植的治疗是可能的。尽管首先要克服的是供受体免疫不相容性及免疫排斥反应，但是可以考虑建一个胚胎干细胞库，以提供多种不同组织免疫相容性抗原型的胚胎干细胞。

胚胎干细胞／胚胎种系细胞另一重要应用是发现一些有治疗功能的基因。这些基因可能编码一些具有直接治疗作用的蛋白，如生长因子，或一些药物治疗的重要靶点。利用胚胎干细胞来检测新药功能，可以避免新药用于人类临床治疗的一些伦理及法律上的障碍。利用胚胎干细胞还可以研究基因功能，它不仅避免了用基因敲除技术所带来的精力、资金和时间上的消耗，还可以研究除基因缺失突变（gene knock-out）外的基因功能获得性突变（gene knock-in），即通过体内发育瞬间的表达或某些时期的长期表达，来研究基因在人类胚胎发育中的作用。

综上所述，胚胎干细胞及其体外定向分化体系由于能够基本模拟乃至重现体内复杂的发育及组织器官生成过程，且具备能人工控制、干预和潜在的规模化、规范化与工艺化等特点，为人们一直难以下手而又梦寐以求的发育图示的研究，以及因伦理、法律所限的人类早期胚胎发育机制的研究提供了简单而有效的体外模型，为人类向往已久的真正意义的组织工程奠定了必要的学术、技术基础，因而已引起学术界、技术界，乃至企业界的关注。但同时亦应看到，尽管从最早分离得到小鼠胚胎干细胞到最近获得人类胚胎干细胞，人们对胚胎干细胞的认识和利用已有了长足的进步，但仍存在一系列悬而未决的问题或发展中的"路障"，细胞移植的治疗应用可能还需要长时间的努力。人们还不能完全控制胚胎干细胞分化为所需要的细胞，还不知道胚胎干细胞分化时是否有基因突变发生，胚胎干细胞是否有潜在的成瘤性，如何克服供受体免疫不相容，如何获得更多的胚胎干细胞系，这些问题都有待于对胚胎干细胞进行更多更深的探索与研究。

生物信息学：
生物实验数据和计算技术结合的新领域[1]

欧阳曙光　　贺福初

一、概述

蛋白质与核酸测序技术应用以来，已积累了极大量数据。同时，基于典型西方哲学演绎与解析的分析思路而建立的组合化学数据库已经成为合理分子设计（rational molecular design）的重要支柱，为创造全新的非自然产物提供了可能。所以，将新颖的计算技术与方法应用于经验和理论生物学研究的时代已经到来，生物信息学由此诞生。但生物数据的海量性和复杂性又都是组合化学等其他数据密集型科学所不及的，这也是生物信息学所面临的更大挑战。

一般意义上，生物信息学研究生物信息的采集、处理、存储、传布、分析和解释等各个方面，它通过综合数学、计算机科学与工程和生物学的工具与技

1《科学通报》，43（14）：1457-68，1999

术而揭示大量而复杂的生物数据所赋有的生物学奥秘。它作为一个交叉学科领域而荟萃了数学、统计学、计算机科学和分子生物学的科学家，目标就是要发展和利用先进的计算技术解决生物学难题。这里所说的计算技术至少包括机器学习（machine learning）、模式识别（pattern recognition）、知识重现（knowledge representation）、数据库、组合学（combinatorics）、随机模型（stochastic modeling）、字符串和图形算法、语言学方法、机器人学（robotics）、局限条件下的最适推演（constraint satisfaction）和并行计算等。而生物学方面的研究对象覆盖了分子结构、基因组学、分子序列分析、进化和种系发生、代谢途径、调节网络等诸多方面。

许多研究与发展组织都预测：基因组学研究将会彻底革新未来鉴定生物学产物和选择更佳目标用于小分子生物功能筛选的过程。随着基因组研究规模扩大，生物信息学将原始序列数据转换为有意义的生物学信息之重要性也随之增长。

严峻的挑战和巨大的机会往往出现在相同的时间和地点。生物信息学各个分支都亟待改进和提高的 3 个方面是：更加有效地处理大规模的数据、建立通用的智能型工具、使所有的操作程序自动化。

二、生物信息数据库

目前，国际性合作的几个基因组计划已经积累了超大量的生物信息并以不同组织形式构成许多数据库。其中一些属于商业数据库，需要预先注册和付费才能检索，而更多数据库是公开和免费的，并可通过互联网络（Internet）访问。随着研究深入，公共数据库越来越成为世界各地生物学家的重要给养。

美国国家实验室（Brookhaven National Laboratory，BNL）的蛋白质数据库（protein data bank，PDB）可同时提供蛋白质序列及其三维空间晶体学原子坐标。其中受体 – 配体、抗原 – 抗体、底物 – 酶复合物等相互作用分子的共结晶图谱是基于同源比较的分子设计所需的最佳模型，因此 PDB 为初步的蛋白质合理设计提供了无价的知识来源。其超文本传输（hyper text transfer protocol）地址为 http：// www.pdb.bnl.gov/，文件传输（file transfer protocol）地址为 ftp：//ftp.pdb. bnl.gov/pub/databases/pdb/all-entries/compressed-files/。PDB 在几个世界著名科研机构所在地设有镜像站点（mirror site），如欧洲生物信息学研究所（European Bioinformatics Institute，EBI）的 http：//www.ebi.ac.uk/pdb/ 和 ftp：//ftp.ebi.ac.uk/ pub/databases/pdb/，北京大学物理化学研究所的 http：//162.105.177.12/npdb/ 和 ftp：//162.105.177.12/fullrelease/compressed-files/ 等。

超文本版本的细胞系数据库（Hypertext version of the cell line data base，HyperCLDB）专门提供欧洲各家实验室和捐献站的人和动物细胞系的信息。目前已有 3100 种以上的品系，在其说明中能查到可以从哪些实验室获得，并显示每个术语或数值在总词汇表和索引表中的出现频率。还有指向在线人类孟德尔遗传（Online mendelian inheritance in Man，OMIM）记录的链接，提供较为深入的病理学知识，从病理学家名录到与某个特定病理过程相关的细胞系资料。直接指向 URL 提醒系统（reminder system）的链接可在所注册的网页更新时就用电子邮件提醒用户。HyperCLDB 的搜索引擎在 http：//www.biotech.ist.unige.it/tab/ HyperSearch.html。

OWL 混合蛋白质序列数据库（composite protein sequences databases）是一非重复蛋白质序列数据库，其数据来源包括（截止到 1998 年 6 月以前的统计）:①含有 69 110 个分子 25 083 142 个残基的第 35 版 Swiss-Prot；② NBRF 的含有 393 个分子 235 554 个残基的第 55 版 PIR1，45 067 个分子 12 796 251 个残基的第 55 版 PIR2，357 个分子 69 696 个残基的第 55 版 PIR3，164 个分子 27 699 个残基的第 55 版 PIR4；③含有 134 190 个分子 41 324 437 个残基的第 105.0 版 GenBank；④含有 1 233 个分子 236 843 个残基的第 23.0 版 NRL-3D，每项条目都可以在 BNL 的 X 线晶体结构数据库中查到，其代码为 NRL- 开头再加上 4 个字符的 PDB 代码。全部入库序列数已达到 250 514 个分子 79 773 622 个残基。它的 WWW 地址为 http：//www.biochem.ucl.ac.uk/bsm/dbbrowser/OWL/owlcontents.html。

欧洲分子生物学实验室（European Molecular Biology Laboratory，EMBL）的 TREMBL 是对 Swiss-Prot 蛋白质序列数据库的增补，含有 EMBL 核酸序列数据库中尚未出现于 Swiss-Prot 的所有编码区（CDS）的翻译序列，可以看作是 Swiss-Prot 的前言部分，今后都可能升级到标准 Swiss-Prot 中，故而全分配有 Swiss-Prot 访问代码。目前的第 3 版 TREMBL 源于第 50 版 EMBL 核酸序列数据库，有 126 995 条序列 34 178 645 个氨基酸残基。它分成两个部分：SP-TREMBL（104 865）是肯定要转入 Swiss-Prot 的，包含 fun.dat（真菌）、hum.dat（人）、inv.dat（无脊椎动物）、mam.dat（其他哺乳动物）、mhc.dat（MHC 蛋白）、org.dat（细胞器）、phg.dat（噬菌体）、pln.dat（植物）、pro.dat（原核生物）、rod.dat（啮齿动物）、vrl.dat（病毒）、vrt.dat（其他脊椎动物）等文件，已经可以在 EBI 的 FASTA 服务器上搜索，不久也将能在 BLITZ 服务器上搜索；REM-TREMBL 则是不准备收入 Swiss-Prot 的其他数据。TREMBL 站点位于 http：//www.ebi.ac.uk/srs/srsc/ 和 ftp：//ftp.ebi.ac.uk/pub/databases/trembl/。

与生物催化和生物降解相关的数据库站点有：UM-BBD，即 Minnesota 大学生物催化和生物降解数据库（university of minnesota biocatalysis/ biodegradation database），提供关于微生物酶与代谢通路的信息，位于 http：//dragon.labmed.umn.edu/ ~ lynda/index.html；EcoCyc，大肠杆菌基因和代谢百科全书（Encyclopedia of *Escherichia coli* Genes and Metabolism），是一个汇集了所有已知的关于大肠杆菌基因和中间代谢的数据的大型知识库，它位于 http：//www.ai.sri.com/ecocyc/ecocyc.html；GenoBase Selkov EMP，是 GenoBase 数据库通道（GenoBase Database Gateway）中一个经过索引的、关于酶与代谢通路（Enzymes and Metabolic Pathways）的数据库，处于 http：//specter.dcrt.nih.gov: 8004/Pathway/pathway-toc-by-name.html；KEGG，日本的基因和基因组京都百科全书（Kyoto Encyclopedia of Genes and Genomes），内容包括代谢通路图谱、分子编目表、基

因编目表、基因组图谱等数据，它被放置于 http://www.genome.ad.jp/kegg/keggl.html；SoyBase，是植物基因组计划（Plant genome program）中的一部分——花生计划（Soybean roject）研究数据的集合，可以在 http://probe.nal.usda.gov:8000/plant/aboutsoybase.html 看到详细内容；Swiss-Prot，是带有注释的、具有最小冗余的、与其他数据库的整合度很高的蛋白质序列数据库，在 http://www.expasy.ch/sprot/sprot-top.html；以及 WIT（What is there），是一个基于最近的关于细菌全基因组序列的足够了解、在 WWW 上设计实现的交互式代谢重构模型，它位于 http://www.cme.msu.edu/WIT/。

最新的整合型鼠基因组的遗传图谱和物理图谱数据库（genetic and physical maps of mouse genome data）第 14 版已经被放在了 http://www.genome.wi.mit.edu/cgi-bin/mouse/index. 位于右侧的鼠遗传图谱包括了定位于 Ob×Cast F2 杂交系的 6331 种简单序列长度多态性（simple sequence length polymorphism，SSLP），平均分辨率 1.1cM。位于左侧的 Copeland/Jenkins 图谱包括了定位于 Spretus 回交系的 2342 个分子标记，将近多一半的是 SSLP，另一半的是 RFLP，既可以分子标记的名称进行，也可以分子标记的位置/多态性进行检索。鼠 STS 物理图谱包含了来源于平均插入片段长度约为 820kb 的酵母人工染色体（YAC）克隆文库的超过 6000 种的 STS，可分别以分子标记的名称、YAC 的位置或 YAC 的名称进行检索。

位于 http://www.mpimg-berlin-dahlem.mpg.de/~andy/GN/ 的基因组导航者（Genome navigator）是提供到达含有关于人类基因组、鼠基因组和酵母基因组等的物理图谱和遗传图谱信息的主要数据库的视化的交互式通道。它使用基于 Java 小控件（applet）的通用性程序 DerBrowser 来显示和导引这些生物的多种不同类型的基因组图谱。除了常规功能以外，它的一个特别之处就是还能让用户查询外部的相关数据库中存在的任一图谱，目前的数据来源已经包括：麻省理工学院（Massachusetts Institute of Technology，MIT）基因组研究中心的 Whitehead 生物医学研究所（Whitehead Institute for Biomedical Research，Whitehead/MIT），约翰·霍普金斯大学医学院（Johns Hopkins University School of Medicine）的基因组数据库（genome database，GDB），Jean Daus-set 基金会（Fondation Jean Dausset）的人类基因组多态性研究中心（Centre d'Etudes du Polymorphisme Humain，CEPH）和 Genethon 研究所的 infoclone，人类基因连锁研究合作中心（Cooperative Human Linkage Center，CHLC），美国国家生物技术信息中心（National Center for Biotechnology Information，NCBI）的人类转录本图谱（human transcript map，HTM），以及其他一些专门收录人类染色体信息的数据库；欧洲合作种间鼠回交（european collaborative interspecific mouse backcross，EUCIB）计划的鼠回交数据库（mouse backcross database，MBx），斯坦福大学医学院（Stanford University School of Medicine）的酵母基因组数据库（saccharomyces genome database，SGD），Proteome 公司的酵母蛋白质数据库（yeast protein database，YPD），Max-Planck 研究所的慕尼黑蛋白质序列信息中心（Munich Information Centre for Protein Sequences，MIPS），全自动分析生物序列的 GeneQuiz 服务器等。

能提供啤酒酵母（*Saccharomyces cerevisiae*）蛋白质三维结构信息的酵母基因组数据库 SGD 已经可以在 http：//genome-www.stanford.edu/Sacch3D/ 找到。其特性包括：①以基因名称、开放读码框架（ORF）名称、染色体编号、文字等形式检索酵母基因组中任一蛋白质的潜在的结构信息；②使用 RasMol 或基于 Java 的显示程序交互地观察结构信息；③浏览全部已经收录于 PDB 结构数据库中的啤酒酵母蛋白质；④可以到达 NCBI 的 MMDB、SCOP、Swiss-Prot 等面向结构的其他数据库的链接。总体上看，已知的结构信息还是相当稀少的，目前在酵母基因组中只有12％的蛋白质与已知结构的蛋白质之间呈现显著的序列相似性。但随着更多的新的蛋白质结构被测定和检测结构相似性技术的改进，这个数字必将增长。

IUBio 档案是一个生物数据和软件的档案库，囊括了各种各样的大众化的浏览、检索和传输软件、分子数据、生物学新闻和文件，其互联网地址是 iubio. bio.indiana.edu（magpie 129.79.225.200）。分子生物学是这里的焦点，它也同时是果蝇研究数据的一个大本营。这里维护着可在所有计算机上运行的一些对于生物学很重要的软件：公共软件使用的分类包括了生物学、化学、科学、应用程序等；而分子生物学部分使用的分类包括了对齐、密码子、自动测序、浏览、一致序列、进化、模式、引物、限制酶、RNA 折叠、检索、IBM-PC，Mac，MSwin，Unix，Vax 等；检索服务包括了 GenBank 核酸数据库、Swiss-Prot 和 PIR 蛋白质数据库、Bionet 新闻组、序列检索系统 SRS 和 SRS-FASTA。它的专门的果蝇基因组数据库 FlyBase 位于 http：//flybase.bio.indiana.edu/（firefly129.79.225.202）。

三、生物计算

就目前的数学和计算机科学的能力而言，对数据容量达到上十亿字节的数据库进行生物计算仍然是一项很艰巨的任务。虽然最简单的序列比较可以被简化成字符串匹配的算法，以及将模式识别和神经网络等先进算法也运用其中，但是扩展的和多重的序列比较还是处于试验摸索中。理论上有希望的、通过量子化学算法预测蛋白质的空间折叠的方法靠现有的计算能力尚无法成为现实，因为这些都需要数学与纯计算机效能上的新突破。

大分子设计和模建算法让曾经致力于分子力学和分子模型构建的应用数学家、物理学家、化学家和生物学家走到了一起。现在的重点和挑战在于如何获得高增益、高效率、高可信度的蛋白质、核酸和多聚体的模拟算法。分子力学的高级时间步长法（advanced time-stepping）、静电学、经典量子力学、结构确定（structure determination）、自由能和整体集群计算（ensemble calculations）等，都是可能的突破点。

分子图形和模型学是生物信息学和药物设计的重要部分。当基因组学的成就被应用于合理目标鉴别时，蛋白质结构相似性和结构预测、确定蛋白质 - 蛋白质相互作用、识别类似的和同源的蛋白质折叠等方法都会显著地影响最后的结果。自动同源模建和结构 - 功能预测也需要更多的努力，并利用趋于成熟的神经网络方法来实现。

先是可在本地的个人机或工作站上运行的生物计算软件和程序，下一部分侧重于通过互联网络的在线计算。

（一）日常数据维护

为生命科学研究人员实现全方位计算能力的软件工具 Prophet 5.0，提供适合于数据管理和视化，包括从简单描述性的统计处理到多元方差分析（Multi-factor ANOVA），logistic 回归和非线性模型分析等多种统计分析。它配备了多序列对齐、翻译、限制酶和蛋白水解酶酶切分析、PCR 引物设计、BLAST 检索、远程数据库检索等生物序列分析工具。全功能的 Prophet 5.0 程序可以从 http：//www-prophet.bbn.com/ 下载，可免费使用 60 天。其支持和即将支持的 Unix 平台包括 SUN/ Solaris 2.4、DEC Alpha/ Digital Unix 和 Silicon Graphics/ Irix 6.2 等。这个综合性的数据分析软件包以快速易用为特点：会用鼠标就会用 Prophet。

由 http：//www.unizh.ch/vetvir/plugin.html 可下载一些能加快实验室日常工作、用于苹果 Mac 机或 Windows 系统的浏览器（Netscape 2.x 和 Internet Explorer 2.x）的免费插件（plugin）程序，安装后再连接到 http：//www.unizh.ch/vetvir/programs.html。其功能包括：酶切预览（根据用户使用的限制性酶和 DNA 的核苷酸序列在虚拟的琼脂糖凝胶上电泳，用户可以在到紫外灯箱拍照前知道凝胶上出现条带的理论位置）；稀释计算（任何浓度的溶液稀释配比计算）；接头设计（得到一个用于插入序列连接的、无自连末端的接头序列）等。

质粒处理器（plasmid processor）是专门绘制科研与教育用质粒图谱的简单程序。可以输入线形或圆形质粒，任意定义限制位点、基因位点和多克隆位点，任意插入或缺失部分片段。输出的质粒图谱可复制到剪贴板上，也可以存盘以便后用，或通过程序内置的打印模块打印。压缩的程序包 plasp102.zip（约 239kB）可以从 http：//www.uku.fi/ ~ kiviraum/plasmid/plasmid.html 下载。

（二）序列对齐

基于"近似字符串匹配（approximate string matching）"算法的 Cleanup 1.8 能够确定从核苷酸序列数据库中指定的任何一对序列间的整体同源性，并自动从冗余数据库中生成一组纯化的无冗余的核苷酸序列集萃。冗余问题一向是序列组间比较的关键概念，无冗余序列无疑对进行统计学分析和加快广泛性检索核苷酸序列数据库的速度非常有益。所有公开的数据库都会存有同一序列或近似于相同序列的多个不同条目，基于这种偏倚数据的统计学分析往往会有很高的将不显著视为显著的危险性。为了实现无偏倚的统计学分析和进行更有效的数据库检索，必须使用经过纯化的无冗余序列数据。然而实际操作中对生物序列数据冗余性的定义难免含混、不易确切，Cleanup 就使用了一个基于序列相似性程度的定量指标来描述冗余性：一旦用户给出一个阈值，那么显示出一定的相似性而且与数据库中的另一较长序列间存在重叠的序列就被认为是冗余序列。从互联网上下载此程序的地址是 ftp：//area.ba.cnr.it/pub/embnet/software/Cleanup/。

大规模序列比较软件包（large scale sequence comparison package）LASSAP（位于 http：//www-rocq.inria.fr/genome/）是一个跨越多种 Unix 平台（SGI/ Irix，SUN/ Solaris，IBM/ AIX，DEC/Digital Unix 等）的新颖而全面的序列比较软件包。它使用了目前所有主要的序列比较算法：BLAST、FASTA、Smith-Waterman 动态变程、Needleman/ Wunsch 法、K-best 对齐法、字符串匹配（主要针对冗余问题）、模式匹配算法（譬如搜索 ProSite 特征模式）等。LASSAP 中的所有算法都是基于成对比较，且不同算法间的优势能共享以外，还具备：①数据库内或库间比较（数据库既可以是来源于一个大数据库的一套序列，也可以是单独的一条序列）；②直接计算（选择和计算部分还有待完善）；③序列翻译（可使用不同遗传密码）；④结构化的计算结果和强大的再分析能力（支持 3 种输出格式：

含有对齐序列的全文本；每行一对结果的压缩文本，便于使用 grep、awk 或 perl 等过滤程序；结构化的标准格式，使于继续进行 cluster 等复杂而深入的分析）；⑤并行计算和利用特殊硬件设备而使性能加强（基础版本的 LASSAP 适合一般应用，优化算法的并行版本则适合处理复杂的大规模问题，特别是专门用于 Smith-Waterman 算法的优化还利用了 SUN 的视频指令集）。同时，它提供的应用编程接口（API）允许用户植入任何其他基于成对比较的算法（公用 API 不久就会发行）。因此，LASSAP 是为满足大规模序列数据分析、克服目前序列比较程序所受限制而设计的可编程的高效应用系统。使用 LASSAP 的成功范例已有：蛋白质结构域分析 ProDom 的建立（http：//protein.toulouse.inra.fr/），微生物基因组的穷举比较（Protein Science，Vol 6，Suppl 1，April 1997），TREMBL 中的亚片段匹配问题（Proceedings of ISMB 97 Conference，June，Greece），等。

蛋白质多序列编辑器（Protein multiple sequence editor）ProMSED2 是运行于 Windows 3.11/ 95 平台的能自动或手动完成 DNA 和蛋白质序列对齐、编辑、比较和分析的应用程序。它能读入几种常见格式（NBRF/ PIR，FASTA，MSF，EMBL/ Swiss-Prot，Intelligenetics 和 Clustal 等）的序列数据，自动进行对齐、对齐结果的视化和编辑，还可以在保持原来对齐区域不变的同时交互地对齐其他部分。其用户界面友好，手动对齐和序列分析时用不同的颜色组表示氨基酸序列在突变、理化等性质上相似的位点，是一套能方便地完成序列的对齐、分析、视化、编辑和制图的小巧而灵活的工具程序。它的下载地址是 ftp：//ftp.ebi.ac.uk/pub/software/dos/promsed/prsed2-exe。

（三）分子结构视化

LoopDloop 是一个描绘分子生物学中 RNA 二级结构的程序，它读入含有碱基配对信息的生物序列数据，显示出 RNA 分子的二级结构，并允许对结构进行修饰、美化等编辑。但是这个程序自己没有预测二级结构中碱基配对的功能，因为通过 RNAFold、MulFold 和多序列对齐编辑器等其他软件可以完成这种工作。

该软件的下载地址在 http：//iubio.bio.indiana.edu/IUBio-Software+Data/molbio/
loopdloop/java/，或 ftp：//iubio.bio.indiana.edu/molbio/loopdloop/java/。

仅仅从平面图形提供的信息是很难清楚蛋白质、DNA、RNA 的三维立体结构以及它们之间相互作用的，而深刻掌握结构又是对理解功能相当重要的。现在许多免费软件已经有了显示生物分子的醒目而具备深度感与动感的三维立体的空间填充（space filling）彩色视图的能力。RasMol（http：//www.umass.edu/microbio/rasmol/）就是其中之一，它能在多种 Windows 平台和 Mac 机上运行，同时免费提供全部的源程序代码以鼓励改进和自行开发。Chime（http：//www.umass.edu/microbio/chime/）则可以将预先定制的带有注解的分子图谱转换成为新颖的网上教程。其他各种网上应用的图形工具可以在 http：//www.umass.edu/microbio/rasmol/em-web.htm 得到。

（四）基因组分析

蛋白质展开、描述和分析工具（protein extraction，description and analysis tool）PEDANT 是专门为了实现对全基因组的序列进行计算分析而设计的，它位于 http：//pedant.mips.biochem.mpg.de/frishman/pedant.html。目前它已经分析了 9 套全部的、1 套质粒的和 2 套部分的基因组：啤酒酵母（*S. cerevisiae*）、生殖道支原体（*Mycoplasma genitalium*）、肺炎支原体（*Mycoplasma pneumoniae*）、甲烷球菌（*Methanococcus jannaschii*）、黏囊菌（*Synechocystis sp.*）、流感杆菌（*Haemophilus influenzae*）、大肠杆菌（*E. coli*）、幽门螺杆菌（*Helicobacter pylori*）、甲烷细菌（*Methanobacterium thermoautotrophicum*）、根瘤菌（*Rhizobium sp.*）的质粒、部分枯草杆菌（*Bacillus subtilis*）、部分硫叶菌（*Sulfolobus solfataricus*）等。它以序列比较和序列预测结合起来的组合判别法为工具，对已经全部测序的基因组上所预测的 ORF 进行穷举形式的功能性和结构性分类；其 ORF 的功能性预测主要依据于 FASTA2 相似性搜索，并辅以 ProSite 模式和 motif 检测、与保守序列块的比较等;最后将序列与最显著相关的 PIR 条目相耦联，

从而并入某一个 PIR 超家族之中。它还能功能性地依据对几个经过手工归入功能性类群的定性的细菌和酵母的主基因集合（curated master gene set）的相似性检索将基因产物分类，并通过对赋有二级结构的 STRIDE 数据库的每一个序列运用 Smith-Waterman 相似性比较算法，预测二级结构、跨膜区域、低复杂性区域和无规卷区区域，以及抽取出可知的三维结构信息。

（五）基因模式识别

Procrustes 4.01 是为支持实验性基因判定和提示性的定性基因预测的计算工作而设计的，它在 http://www-hto.usc.edu/software/procrustes/。其主要性能有：运用 Las Vegas 基因预测法的准确无误的基因和 exon 判定；容错性的基因识别；基于 GenePrimer 软件的能满足大规模测序工程中利用 PCR 技术进行基因判定的引物构建；基于 Cassandra 软件的能指导探针和 PCR 引物选择的高特异性 exon 识别；通过局部切割后对齐从未完成的 cosmid 大小的基因组序列中识别出不完整基因；新颖的图形输出显示多基因预测和实验性基因判定的结果；给基因预测打分以体现其可信程度；利用部分优化的切割后对齐进行多基因预测；基于相似功能区域而不是整个蛋白质的基因识别；不同种系的基因识别。

（六）蛋白质分析

Windows 版的蛋白质分析专家（protein analyst for windows）ProAnWin 是用于多个蛋白质序列对齐、比较性序列分析、研究蛋白质结构 – 功能（基因型 – 属性）关系和设计点突变的一个新程序。它试图找出蛋白质或多肽的活性（或属性或相关表现型）与分子的一级结构或三级结构中某些特征的关系，其依据包括：从序列上看所归属的蛋白质家族，与蛋白质活性相关的一些参数（pK 值、ED_{50}、K_m 值等），和尽可能的、至少其中之一的三维结构数据（假设全部同源蛋白质都以共同的方式形成空间折叠）。主要目的就是要找出与蛋白质活性变化相关联的影响因子：活性调节位点的位置和该位点在结构上的重要特性。ProAnalyst 是为 ProAnWin 提供多功能的蛋白质序列和结构分析的扩展模块，它可以搜索

motif、绘制理化关系图、对蛋白质的序列变异进行语义分析和理化分析、绘出结构 – 活性关系的剖析图等。这一套功能相关的软件的下载地点有：[ProAnWin]ftp：//ftp.ebi.ac.uk/pub/software/dos/proanwin 或 ftp：//ftp.bionet.nsc.ru/pub/biology/vector/proanwin.dem/paw$.exe，[ProAnalyst]ftp：//ftp.ebi.ac.uk/pub/software/dos/proanalyst，ftp：//iubio.bio.indiana.edu/molbio/ibmpc/panalys1 或 ftp：//ftp.bionet.nsc.ru/pub/biology/vector/proanaly.dem/panalys$，[ProMSED]ftp：//ftp.ebi.ac.uk/pub/software/dos/promsed，ftp：//iubio.bio.indiana.edu/molbio/ibmpc/promsed1 或 ftp：//ftp.bionet.nsc.ru/pub/biology/vector/promsed.dem/promsed$。

（七）蛋白质结构模建

可以从 http：//www.nimr.mrc.ac.uk/ ~ mathbio/a-aszodi/dragon.html 下载的 SGI 版 Dragon 4.17.7 是一个基于"距离几何学（distance geometry）"的蛋白质模建程序。它可以根据所给定的蛋白质序列、二级结构和一套残基间距离的限定矩阵（如果有的话），预测小分子量可溶蛋白质的三级结构。如果序列中的一部分结构在多序列对齐中能够找到同源，就可以试着对比模建（comparative modeling）。它以一个简单的命令行作为人机交互界面，接受参数和输入文件名等。

（八）神经网络

神经网络通过编程模拟神经元的行为，是生物计算中较新的技术之一。开始的工作往往是先利用 Genesis、Neuron、XPP 或其他可以在 Unix 工作站上运行的类似的软件包，建立许多单一的神经元模型，联接为网络，并组成神经系统。接下来是建立亚细胞处理模型，从模拟简单回路直到大型神经元网络，甚至构建系统水平的整个大脑的模型。然后这个神经网络就可以根据需要通过不断的训练和学习来加以完善，直至可以预测出满意的结果。

四、在线生物计算

（一）蛋白质家族鉴定

基因家族鉴定程序网络版（Gene family identification network design）GeneFIND
（http：//diana.uthct.edu/genefind.html）是一个综合了几种检索 / 对齐程序、基于 Pro-
Class 数据库（http：//diana.uthct.edu/proclass.html）、提供快速而有意义的、带有充
足的家族分类信息的检索结果的数据库检索系统。它应用了多层次的过滤程序：先
从最快速的 MotiFind 神经网络开始，接着是 BLAST 搜索、Smith-Waterman 序列对
齐（SSearch）和 motif 模式搜索。该服务器目前提供了多达 942 种不同蛋白质家族
的大规模在线序列鉴定。HTML 形式的检索结果包括：全局和 motif 得分、针对所
有 ProSite 蛋白质种属的所有最为匹配的成员清单、所属 PIR 超家族、motif 模式匹
配情况和指向对应 ProClass 家族数据记录的链接。

（二）蛋白质空间折叠识别

FEBS 蛋白质结构预测 1997（http：//predict.sanger.ac.uk/irbm-course97/）的
先驱者们希望能尽可能多地利用最新的折叠识别和从头预测（*ab initio* prediction）
等方法学上的进展，对一些具有生物学价值的蛋白质结构进行预测。如果有个蛋
白质还没有任何实验性的结构信息，也没有与已知结构的任何蛋白质表现出同源
性，不如将其序列呈送到 http：//predict.sanger.ac.uk/irbm-course97/ 看看是否会有
所帮助。想看看对目前已收到的 113 个目标样本的自动分析和对其中 17 个已经
作出的预测结果，可以浏览 http：//predict.sanger.ac.uk/irbm-course95/。

（三）快速数据库检索。

最新发行的 FASTA（ver 3.0）及其以前材料现在都可以在 http：//www.
techfak.uni-bielefeld.de/bcd/Lectures/pearson3.html，http：//www.biotech.ist.unige.it/
bcd/Lectures/pearson3.html 或 者 http：//merlin.mbcr.bcm.tmc.edu：8001/bcd/Lectures/
pearson3.html 找到与流行的 NCBI 的 BLAST 算法相比，FASTA3.0 已经修正了序

列长度对数据库相似性得分的影响；下一步的发展将是在快速数据库检索中加入对长程蛋白质间同源性识别的策略，以及对各种方法输出结果的解释所需的一些参考提示信息。

（四）基因组数据库检索

大肠杆菌（*E. coli*）全基因组测序于一月份的最后一个星期完成了，这对于分子生物学家有着特殊的意义，因为大肠杆菌的绝大部分基因的功能已经被实验研究所确定了，而其他基因组则还主要依赖于同源性来确定功能。已经和接近完成的基因组包括：啤酒酵母（*S. cerevisiae*）、甲烷球菌（*M. jannaschii*）、大肠杆菌（*E. coli*）和枯草杆菌（*B. sub-tilis*）。在 http：//bmerc-www.bu.edu/genome/genomeblastp.html，http：//bmerc-www.bu.edu/genome/ecoli-keyword.html 或 http：//www.tiac.net/users/mammon/index.html，使用 BLAST 接口程序，可以将您的序列提交 BLASTP 并针对这些基因组的两套公认的 ORF 进行搜索：针对注释的 ORF（against annotated ORF）或针对未注释的 ORF（against unannotated ORF）。输出结果包括原始的 BLAST 输出和对呈现显著 BLAST 匹配的详细参考信息（一般含有一个参考号码，如果有注释的话还带有蛋白质序列和 ORF 处的 DNA 序列等）。

（五）蛋白质结构预测

位于 http：//www.biokemi.su.se/ ~ server/DAS/ 的服务器使用基于"密度对齐的表面（dense alignment surface，DAS）"算法的预测方法定位蛋白质中的跨膜区域。其特点是无需多序列对齐或是正电荷内置法则（positive inside rule）的任何信息，就可以达到其他最有效的预测方法的效能。

五、人工生命

因为构造一个活细胞的知识目前尚未具备，这里所谓"人工生命"指的是机器人学的机械模型及其所配备的人工智能的计算机大脑。今日的人工智能机器人学受到了生物学和心理学的许多概念的启发，故而将构造或者行为设计上受生物学启发的机器人称为"动物机器人（animats）"。"计算神经生态学（computational neuroethology）"和"合成心理学（synthetic psychology）"等术语在机器人学中越来越频繁出现的今天，探讨一下生物学和心理学的知识如何应用于机器人学和机器人学实验将会反过来带给生物学和心理学什么样的顿悟，也许会很有意思。有兴趣就请到 http：//www.cogs.susx.ac.uk/ecal97/。

六、生物信息

除了关于 DNA 和蛋白质的分子生物学数据库和有关生物计算的软件与在线服务以外，还有其他形式的生物信息可供利用，从一般的医疗话题到简单易用的讨论组，为每一位关心生物学进展的人提供论坛的新闻组等。

离子通道毒剂（ion channel toxin）、生物物理软件、在线的离子通道文章等内容已经都加入到了位于 http://qlink.queensu.ca/ ~ 4jch3/ 的"离子通道网页（Ion channel webpage）"。其上安装的分子显示程序提供离子通道毒剂的三维投射图象，且能按指令旋转。更有特色的是它的离子通道研究者之页、离子通道论坛、离子通道文献列表和序列分析等，是离子通道研究的信息之窗。

位于 http：//www.graylab.ac.uk/cancerweb.html 的癌症研究网页 CancerWEB 为患者、临床医师和科学研究人员提供了很多有用的信息和资源。它组织有序并自带一个快速搜索引擎用以检索和定位目标文档。它也是 NCI PDQ 数据库在英国的 redistributor，即 CancerNET UK，因此拥有 CancerNET 和 CancerLIT 文件。全部章节都可以比较容易地从主页、给临床医师的信息（http：//www.graylab.ac.uk/cancerweb/clinical.html）、给患者的信息（http：//www.graylab.ac.uk/cancerweb/patients.html）等部分找到。CancerWEB 的 SiteNET（http：//www.graylab.ac.uk/cancerweb/sitenet.html）是一个综合性的、按照地理位置排布的与癌症有关的学术研究所、医院的列表和匿名 FTP 站点。CancerWEB 图书馆（http：//www.

graylab.ac.uk/cancerweb/library.html）则指向 CancerLIT 文件和其他可供研究人员参考的信息资源。CancerWEB 教育资源（http：//www.graylab.ac.uk/cancerweb/educate.html）链接到其他含有高质量的、与一些如肿瘤学等医学专业教育有关的信息的站点。全球癌症研究（http：//www.graylab.ac.uk/cancerweb/further.html）按照肿瘤类型将与癌症研究相关的 WWW 链接做成了一张大表。

CCP11 计划是英国协作计算计划（Collaborative Computational Project，CCP）中的生物序列和结构分析部分，它的新主页位于 http：//www.dl.ac.uk/CCP/CCP11/，对于从事计算分子生物学的科学工作者很有益处。

分子科学虚拟学校（Virtual School of Molecular Sciences，VSMS）已经开始提供 Java 和 XML 这两个在今天的 WWW 上最具动感的新技术的虚拟课程（http：//www.vsms.nottingham.ac.uk/vsms/java/），目的是让科学界各学科的信息发布者和编程人员充分发挥 Java 和 XML 的威力，改进科技信息发表、传播、转化、应用和存储的方式方法。所以这个课程不仅是为了学习这两种新技术，更是要告诉人们不远的将来信息革命的前景。VSMS 是基于 Nottingham 大学拥有一大批咨询专家、合作者、教师和赞助者的虚拟社群，不断地将最新出现的技术成果以虚拟教育这样一种优于常规手段的形式推广到受过大学教育的人群中。

欧洲结构生物学（Structural biology in europe，STRUBE）讨论组和新药发现与蛋白质科学（Drug discovery and protein science，DDPS）会议年表已经有了在线服务，在 http：//www.biodigm.com/strube.html。

最近一次的关于开放式外壳计算的量子化学大会（Quantum chemistry symposium on open-shell calculations）上，量子化学界领头的专家们共同讨论了在这个正高速发展的领域内的一些最新进展。包括所有张贴报告、会谈摘要和电子张贴在内的全部活动都已由分子设计电子会议（The molecular modeling e-conference，TMMeC，ISSN 0797-9274）记录在案。若欲了解详细情况或访问此次大会的 WWW 网页，您可以到 http：//129.43.50.12/tmmec/ 或 http：//129.43.50.11/

tmmec/mirrors.html（美国）、http：//164.73.160.8/tmmec/mirrors.html（乌拉圭）、http：//130.206.125.40/tmmec/mirrors.html（西班牙）、http：//192.54.49.75/tmmec/mirrors.html（德国）。

著名的 GenStructure 新闻组的宗旨是为围绕和涉及基因组与染色质结构和功能的话题提供一个讨论的论坛，让从事于基因组 – 染色质结构或相关领域的研究者们交流信息和思想，并拓展国内与国际研究组织进行合作的机会。当前的讨论话题包括：① 基因组 – 染色质的可操作性和重组；② 细胞核的空间立体组织结构；③DNA 超螺旋和拓扑结构（三链、Z-DNA、十字、弯折等）对生物学过程的作用；④ 组蛋白、核小体和染色质的结构与功能；⑤ 环区结构域模型（loop domain model）、隧道模型、百万碱基巨型环区结构域模型（megabase giant loop model）等基因组结构模型；⑥ 经典的染色体部件及其与基因功能的关系；⑦ 基因组进化；⑧ 影响基因组 – 染色质结构的生物学意义重大的基因突变和基因敲除；⑨ 基因组 – 染色质分析技术；⑩ 染色质 –DNA 结合蛋白及其对染色质结构和基因表达的作用；⑪ 核质（NM）与核内膜（NL）；⑫ 基质附着区（matrix attachment region，MAR）、结构域边界和基因座位；⑬ 位置效应和拟等位反式（transvection）等现象；⑭ 后成（epigenetic）效应对基因功能的作用；⑮ 剂量补偿机制和 X 染色体失活；⑯ 染色质结构与 DNA 复制；⑰ 核包装的特别技术；⑱DNA 修复与染色质结构；⑲ 基因组不稳定性的机制等。此外，该新闻组还提供关于本专业的会议消息、教材、网络资源、可视资料、计算机程序、疑难解答、实践指南等的分论坛。

美洲药物治疗和生产组织（Pharmecutical Research and Manufacturers of America, PhRMA http：//www.phrma.org/）与美洲生物科学研究所（American Institute of Biological Sciences，AIBS http：//www.aibs.org/）最近一起共同建立了一个提供最新基因组研究信息、名为"基因组学——全球的资源（Genomics—A Global Resource）"的互联网站点（http：//www.phrma.org/genomics/）。它随时将新得到的、

有用的、关于基因组学研究的信息发布出来，并维护一些经过选择的、指向世界各地的信息源的链接，为决策者和普通大众提供一个动态的、易于访问的信息资源：基因治疗和遗传学取样、检测和筛选，以及关于生物多样性遗传学和保护濒危物种的数据。

七、生物信息学存在的问题与前景

获得完全的序列和基因组成为可能以后，如何分析、解释和可视化基因组序列的数据又提出了新的挑战。非常必要的一件事是将各自的、独立的、分散的基因组信息整合到一起。这些信息可以是计算性的或抽象性的，譬如关于生物学功能的解释，像蛋白质的功能，既不能计算出来也不能被验证。这使得对这些复杂数据的整合和全面分析变得既耗时又依赖于技巧和知识。按照交叉学科建设的要求，计算机科学的技术和概念是解决这些难题所必需的。分子生物学非常需要并行算法和并行数据库系统的辅助，以及其他数学的、计算和实验方法方面的新工具。

对基因组部分或全面的序列测定结果迫切需要解释和破译它们的技术。通用和专用数据库在过去的十年里扩增很快，要用日益高深的计算机技术来解释这些数据就要求分子生物学、化学、计算机科学、数学和统计学的各个不同学科的密切合作。这些卓有成效的合作已经取得重大进展的方面包括：序列搜索和比较、基因组图谱的构建、进化和系统发生；有望不久取得进展的还有：序列的统计学分析、多序列比较、遗传图谱、DNA 和蛋白质分析、新的计算和数学工具等。

当前的一些研究新热点包括：① 基因表达和遗传网络：监控、分析和模建 RNA 与蛋白质表达的计算方法；遗传调控网络模型和采集与分析大规模基因表达数据的新方法。要了解有关这方面的信息可以到 http://www.cgl.ucsf.edu/psb/sessions/expression.html。② 从分子到图、像的视化工具和交互工具：通过视化和用户交互行为帮助科学家权衡、吸收、导引和关联序列、结构和功能数据的

新工具和新技术。这个主要是软件的问题可以到 http：//www.cgl.ucsf.edu/psb/
sessions/visualization.html 看一看。③ 大规模基因组序列中的基因结构鉴定：计
算方法寻找新基因的任何一个方面，其重点是如何全效地发挥出目前已经可以
得到的 EST/ 蛋白质序列等生物信息，能够在大规模的基因组序列中自动完成基
因鉴定和注释的统计学和数学工具。这方面的详细信息还可以到 http：//www.cgl.
ucsf.edu/psb/sessions/gene.html 获取。④ 药物设计和生物技术中的分子设计：最
崭新而时髦的分子设计方法已经在小分子和基于结构的药物设计中崭露头角，人
们正期待着它在蛋白质工程中更伟大的辉煌。详情可参阅 http：//www.cgl.ucsf.
edu/psb/sessions/modeling.html。⑤ 蛋白质结构预测：蛋白质结构预测的任何方
面，但着重于可验证的蛋白质结构预测方法，以及能将实验结果泛化到一个较
大的蛋白质类群的方法。有关问题位于 http：//www.cgl.ucsf.edu/psb/sessions/psp.
html。⑥ 蛋白质结构和功能关系、蛋白质是如何形成功能分化的：解决"结构 –
功能"问题的计算策略，但着重于自动结构分析、进化改变和生物学内涵等这
些问题的焦点上。详情请看 http：//www.cgl.ucsf.edu/psb/sessions/function.html。
⑦ 基于生物分子的计算：无论是人工还是自然界发生的计算过程，其中生物大
分子都是作为计算部件的。这方面的研究将导致生物计算机（biocomputer）最
终成为现实。请到 http：//www.cgl.ucsf.edu/psb/sessions/compute.html 了解详情。
⑧ 混沌学（Complexity）和信息论方法应用于生物学：利用信息论和混沌学的
概念与方法来解决生物学上的问题，包括算法概率（algorithmic probability）、最
小信息长度（minimum message length）和最小描述长度（minimum description
length）等。两个容易想象得到的可能应用就是用信息学的方式和手段探讨蛋白
质折叠和生物信息处理的问题。不妨看看 http：//www.cgl.ucsf.edu/psb/sessions/
info.html。⑨ 分布式智能型数据库：可以形成更加智能的、互相联系的、容易访
问的分子生物学数据库的新型计算机和新算法。这必将有助于对生物语言学的
深刻理解。详细的资料正在 http：//www.cgl.ucsf.edu/psb/sessions/database.html 等着您。

⑩ 在太平洋地区建成一个生物信息大构架（bioinformation infrastructure）：以太平洋地区为中心的世界各国共同协力合作，创作出一个共享的生物信息大构架，这就保证了能为生物计算和生物信息学资源的用户提供高质量的服务。此中的重点自然是如何向发展中国家的那些难以利用生物计算和生物信息学服务的研究组织提供周到的技术支持。该方面的资料请参阅 http：//www.cgl.ucsf.edu/psb/sessions/pacific.html。

我国学者也看到了生物信息学所带来的契机，专门为生物信息学在我国的发展而组织了香山会议，为已经、正在和即将在世界生物信息学的前沿阵地冲刺的年轻学者们的发展抱负指明了方向，提供了策略。可以相信，在生物信息学为揭示生命的本质而逐步成熟和完善的过程中，我国生物信息学者一定会取得可喜的成就。

蛋白质组（proteome）研究——后基因组 时代的生力军[1]

基因研究是 20 世纪生命科学的主线。上半世纪，以遗传学为代表，生命科学通过对基因分离、独立分配、连锁及化学属性等的研究，最后以作为遗传信息载体的 DNA 双链螺旋结构的提出而告捷；下半世纪，以分子生物学为代表，生命科学通过对基因复制、转录、翻译及遗传密码的分析与破译，最终以统一生命世界各层次、生命科学各分支的"中心法则"的问世而集成；90 年代，随着全球性基因组计划尤其是人类基因组计划规模空前、速度惊人的推进，基因研究已近"登峰造极"，人类对生命世界的理性认识达到了前所未有的深度与广度。但是，人们在欢呼基因组计划辉煌业绩之时，亦愈来愈清醒地意识到一项更艰巨、更宏大的任务即基因组功能的阐明已经摆在面前，生命科学几乎在转瞬之间开始了

1《科学通报》，44（2）：113-22，1999

新的征程——蛋白质组研究 [2,3,4]，进入了新的纪元——后基因组时代(postgenome era) [5,6]。人类经过一个世纪的跋涉，重返近代生命科学的发源地之一——蛋白质这一生命活动的执行体。当然，这不是简单的回归，而是一次真正的黑格尔式的"重返"。

一、蛋白质组研究的历史背景

（一）基因组计划的成就

以人类基因组计划（HGP）为代表的基因组计划是 20 世纪仅次于曼哈顿原子弹研制计划与阿波罗登月计划的重大科技工程。其中，HGP 旨在完成人基因组 24 条染色体上 10 万左右基因的作图（遗传图与物理图）和 30 亿碱基的 DNA 全序列的测定。此计划自 20 世纪 90 年代实施以来进展神速：1994 年人基因组全套遗传连锁图发表 [7]，1995 年全基因组覆盖率高达 94% 的物理图问世 [8]；同年，汇集了人基因组初步全物理图，3，12，16，22 号染色体高密度物理图以及 30 余万左右 cDNA（EST）序列信息的（人基因组指南）经 *Nature* 结集出版 [9]；人们

---

2 Wasinger VC, Humphery-Smith I, Williams KL, et al. Progress with gene-product mapping of the molicutes: Mycoplasma genitalium. Electrophoresis, 1995, 16: 1090-1094.

3 Kahn P. From genome to proteome: looking at a cell's proteins. Science, 1995, 270: 369-370.

4 Swinbanks D. Government backs proteome proposal. Nature, 1995, 386: 653.

5 Nowak R. Entering the postgenome era. Science, 1995, 270: 386: 653.

6 Chait BT. Trawling for proteins in the post-genome era. Nature Biotech, 1996, 14: 1544.

7 Murray JC, Buetow KH, Weber JL, et al. A comprehensive human map with centimorgan density. Science, 1994, 256: 2049-2054.

8 Hudson TJ, Stein LD, Gerety SS, et al. An STS-based map of the human genome. Science, 1995, 270: 1945-1954.

9 Chumakow IM, Rigoult P, Le GI, et al. A YAC contig map of the human genome. Nature, 1995, 377（Suppl）: 175-297.

预期人基因组全序列测定很可能于 2001 年提前 4 年完成 [10]。与此同时，模式生物与致病微生物等的基因组研究亦如火如荼地展开。自 1995 年支原体 *Mycoplasma genitalium* 和流感嗜血杆菌 *Hemophilus influenzae* 基因组全序列发表 [11,12] 以来，已相继有 10 余种原核生物的基因组全序列发表，如大肠杆菌（K-12）[13]。更令人振奋的是，第 1 个真核生物——酵母的基因组全序列于 1996 年完成 [14]，次年，*Nature* 再次推出（酵母基因组指南）专辑 [15]。此外，多细胞真核生物线虫（*C. elegans*）的全基因组序列测定也取得长足进展，预计 1998 年将全部完成 [16]。人们普遍预期近 2 年内将会有不少于 50 种生物的基因组全序列测定完成，基因组计划已经进入全面收获的"金秋时节"（表 1 综合了微生物基因组的研究进展），而"海量"的基因序列数据为生命科学多层次、多分支的研究提供了丰富的宝藏。

表 1　微生物基因组测序简况（截至 1997 年）

生物	意义	研究单位 [a]	基因组 (mbp)	ORF 数	类群 [b]
Actinobacillus actinomycetemcomitans	医学	UO	2.20	2300	
Aquifex aeolicus	工业	RBI	1.50	1570	3
Archaeoglobus fulgidus	工业 / 进化	TIGR	2.20	2300	3

10　Venter JV, Smith H, Hood L. A new strategy for genome sequencing. Nature, 1996, 318:364-366.

11　Fleischmann RD, Adams MD, White O, et al. Whole genome random sequencing and assembly of *Haemophilis influenzae Rd*. Science, 1995, 269:496-512.

12　Fraser CM, Gocayne JK, Whit O, et al. Th minimal gene complement of *Mycoplasma genitalium*. Science, 1995, 270: 297-403.

13　Blattmer FB, G Plunkett Ⅲ, Bloch CA, et al. The complete genome sequence of *E. coli* K 12. Science, 1997, 277: 1 453-1 462.

14　Goffeau A, Barrel BG, Bussey H, et al. Life with 6 000 genes. Science, 1996, 274:546-567.

15　Mewes HW, Albermann K, Bahr M, et al. Overview of the yeast genome. Nature, 1997, 387（suppl）: 7-65.

16　Wilson R, Ainscough R, Anderson K, et al. 2. 2 mb of contiguous nucleotide sequence from chromosome Ⅲ of *C. elegans*. Nature, 1994, 368:32-38.

续表

生物	意义	研究单位 a)	基因组 (mbp)	ORF 数	类群 b)
Bacillus subtilis	模式	合作	4.20	4100	2
Borrelia burgdorferi	医学	TIGR	1.30	1283	6
Caulobacter crescentus	医学	TIGR	3.80	3600	1
Chlamydia trachomatis	医学	SU	1.70	1600	7
Costridium acetobutylicum	工业	GTC	2.80	2300	2
Deinococcus radiodurans	工业 / 进化	TIGR	3.00	2700	8
Ehrlichia sp	兽医	TIGR	1.40	1400	1
Enterococcus faecalis	医学	TIGR/GTC	3.00	2450	2
Escherichia coli	模式	UW	4.60	4288	1
Haemophilus influenzae	医学	TIGR	1.83	1743	1
Halobacterium salinariump	工业	MPIB	4.00	4100	3
Helicobacter pylori	医学 / 工业	TIGR/GTC	1.66	1590	1
Legionella pneumophila	医学	TIGR	4.10	3900	1
Methanobacterium thermoautotrophicum	进化 / 工业	GTC/OSU	1.70	1800	3
Methanococcus jannaschii	进化 / 工业	TIGR	1.66	1738	3
Mycobacterium avium	兽医	TIGR	4.70	3900	2
Mycobacterium leprae	医学	GTC/SC/IP	2.80	2300	2
Mycobacterium tuberculosis(clinical)	医学	TIGR	4.40	3600	2
Mycobacterium tuberculosis (lab H37Rv)	比较	SC	4.40	3600	2
Mycoplasma capricolum	模式	GMU	1.20	700	2
Mycoplasma genitalium	进化 / 模式	TIGR	0.58	470	2
Mycoplasma mycoides subsp. Mycoides	兽医	RITX	1.00	820	2
Mycoplasma pneumoniae	医学	UH	0.81	677	2
Neisseria gonorrhoeae	医学	UO	2.20	2100	1
Neisseria meningitidis	医学	TIGR/OU	2.30	2200	1

续表

生物	意义	研究单位[a]	基因组 (mbp)	ORF 数	类群[b]
Porphyromonas gingivalis	医学	TIGR	2.20	2100	1
Pseudomonas aeruginosa	医学	GTC/UW	5.80	5500	1
Pyrobaculum aerophilum	工业 / 进化	UCLA/RBI	1.80	1900	3
Pyrococcus furiosus	进化 / 工业	CMB/UU	2.10	2200	3
Pyrococcus horikoshii	进化 / 工业	KDRI	2.00	2100	3
Rhodobacter capsulatus	医学	UC	4.00	4100	1
Rhodobacter sphaeroides	医学	UT	3.80	4000	1
Rickettsia prowazekii	医学	UUP	1.10	960	1
Saccharomyces cerevisiae	模式 / 工业	合作	13.0	5883	5
Salmonella typhimurium	医学	TIGR	4.5	4200	1
Salmonella putrefaciens	医学	TIGR	4.50	4000	1
Staphylococcus aureus	医学	GTC	2.80	2300	2
Streptococcus pneumoniae	医学	GTC/TIGR	2.50	2000	2
Streptococcus pyogenes	医学	UO	1.80	1500	2
Sulfolobus solfataricus	进化 / 工业	加拿大	3.00	3100	3
Synechococcus sp.	进化 / 工业	KDRI	2.50	2200	4
Synechocystis sp. PCC6803	进化 / 工业	KDRI	3.57	3168	4
Thermotoga maritima	进化 / 工业	TIGR	1.80	1900	3
Thermoplasma acidophilum	进化 / 工业	MPIB	1.70	1800	3
Treponema denticola	医学	TIGR	3.00	2900	6
Treponema pallidum	医学	TIGR	1.05	1000	6
Ureaplasma urealyticum	医学	UA	0.76	640	2
Vibrio cholerae	医学	TIGR	2.50	2400	1

a）CMB—海洋生物工程中心，GMU—乔治梅森大学，GTC—基因组治疗公司，IP—巴士德研究所，KDRI—哈萨 DNA 研究所，MPIB—马普生化所，OSU—俄亥俄州立大学，OU—牛津大学，RBI—重组生物催化公司，RIT—瑞典皇家工业研究院，SC—桑格中心，SU—斯坦福大学，UCLA—洛杉矶加州大学，TIGR—基因组研究所，UA—亚拉巴马大学，UC—芝加哥大学，UH—海德堡大学，UO—俄克拉荷马大学，UT—德克萨斯大学，UU—犹他大学，UUP—乌普萨拉大学，UW—华盛顿大学；b）1—革兰阴性菌，2—革兰阳性菌，3—古细菌，4—蓝色真细菌，5—真核细胞，6—螺旋体，7—chalydia，8—daeinococci

（二）基因组计划的局限

任一生物基因组计划〔此处按经典含义指结构基因组学（structural genomic）分析〕的完成均标志着 3 套完整数据的获得：遗传图、物理图、全序列图。理论上，这 3 套数据将提供此生物所有基因在染色体上的精确定位、基因内部序列结构与所有基因间隔序列。但是，由于真核生物中基因结构的复杂性以及现有基因识别（gene identification）理论与技术发展的严重不足，此情况只适用于原核生物或低等真核生物。正因如此，即使 HGP 能在 2001 年完成，也并不表明那时人类对自身基因组的所有基因及其间隔序列已完成确定。真核生物尤其是高等真核生物已测定基因组中 ORF（开放阅读框架）的确定仍是未解决的重大问题，而 1 个基因在 ORF 确定前很难从分子水平上进行实质性的功能分析。

基因调控研究表明，纵使是简单的微生物（如大肠杆菌）其基因组的所有基因也不同时表达。通常情况下，生物的基因组只表达少部分基因，而且表达的基因类型及其表达程度随生物生存环境及内在状态的变化而表现极大的差别，且此差别存在严格调控的时空特异性。基因组计划即使已确定某生物基因组内的全部基因，也不能告诉人们哪些基因在何时何地以何种程度表达，而生命过程的精确机制很大程度上正是基于这类基因的精细调控。为了弥补基因组计划这一天然的局限，近年人们相继引进一系列大规模基因表达检测技术，如微阵列法（Microarray）[17]，DNA 芯片（DNA chips）[18] 及 SAGE（serial analysis of gene expression）[19]。这些方法虽然能够定性、定量且大规模地检测基因的表达产物 mRNA，但 mRNA 由于自身存在贮存、转运、降解、翻译调控及产物的翻译后

---

17 Wodicka L, Dong H, Mittmann M, et al. Genome-wide expression monitoring in *Saccharomyces cerevisiae*. Nature Biotech, 1997, 15:1 359-1 367.

18 Ramsay G. DNA chips: state-of-the-art . Nature Botech, 1998, 16:40-44.

19 Velculescu FB, Zhang L, Vogelstein B, et al. Serial analysis of gene expression. Science, 1995, 270:484-487.

加工，难以准确地反映基因的最终产物 / 基因功能的真正执行体——蛋白质的质与量。

基因与其编码产物蛋白的线性对应关系只存在于其新生肽链而不是其最终的功能蛋白中。30 多年前，人们即已普遍发现新生肽链合成后存在多种加工、修饰过程；更有甚者，近些年来人们发现蛋白质间亦存在类似于 mRNA 分子内的剪切、拼接，并证明其基本元件 intein 广泛存在于多种蛋白质中[20]。此类过程的存在无疑进一步扩大了基因编码的蛋白质与其最终的功能蛋白间所存在的序列差距。而大量蛋白尤其是重要调控蛋白的化学修饰（如糖基化、磷酸化）、剪切加工（如酶原降解、结构域拼接）不但可改变其立体结构，而且是实施其功能与调节的重要结构基础。这些均不能从其基因编码序列中预测，而只能通过对其最终的功能蛋白进行分析。

由上可见，基因虽是遗传信息的源头，而功能性蛋白是基因功能的执行体。基因组计划的实现固然为生物有机体全体基因序列的确定、为未来生命科学研究奠定了坚实的基础，但是它并不能提供认识各种生命活动直接的分子基础，其间必须研究生命活动的执行体——蛋白质这一重要环节。

任一层次的生命活动均是非线性复杂系统中诸种功能单元协同、整合的结果，生命活动的最小单元——"细胞"即是多类"蛋白机器"（protein machine）的有机组合[21]。人类对于蛋白质的研究已逾百年，但已往的视角只是针对生命活动中某一种或某几种蛋白质，这样难以形成一种整体观，难以系统透彻地阐释生命活动的基本机制。因此，无论是从基因组计划的局限、还是从蛋白质研究的自身发展而言，大规模、全方位的蛋白质研究均是势在必行。

20 Perler FB, Olsen GJ, Adam E. Compilation and analysis of intein sequences. Nucleic Acid Res, 1997, 25:1 087-1093.

21 Alberts B. The cell as a collection of protein machines: preparing the next generation of molecular biologists. Cell, 1998, 92: 291-294.

（三）蛋白质研究技术方法的突破

蛋白质的研究在 20 世纪 70 年代以前一直优于核酸。其后，由于 DNA 重组、测序、PCR 等新方法的不断涌现，核酸研究后来居上，并远远超出而成为生命科学的主导，但蛋白质研究尤其是相关技术的发展并未停滞不前。其中 O'Farrel 于 1975 年建立的双向电泳（2-DE）技术使其蛋白分辨达到成千上万种，因而完全可以用于组织与细胞中大规模蛋白质的分离；近年开发的多种图像分析系统与软件以及大规模样品处理系统更使其如虎添翼[22]。80 年代末期 Hillenkamp 发展的激光解吸质谱、Fenn 设计的电喷雾质谱可以高效、精确地测量生物大分子的质量并测定部分序列[23]，进而用于数据库的检索；Mann 等人则在此基础上通过建立"肽质指纹图谱与肽序列标签"等技术，实现了质谱准确、快速、自动化、大规模鉴定蛋白质的飞跃[24]。

二、蛋白质组研究的开端及"蛋白质组"含义

（一）蛋白质组研究的开端

根据 *Nature*[3] 和 *Science*[4] 的报道，"proteome"（蛋白质组）一词由 Marc Wilkins 首次提出。其导师澳大利亚 Macquarie 大学的 Keith Williams 于 1994 年向澳政府提出一项建议：通过对某一种生物的所有蛋白质全部进行质谱筛选与序列分析，以一种不同于 DNA 快速测序的途径对其提供分子水平的全面分析。1995 年，悉尼大学 Humphery Smith I 实验室与 Williams 等 4 家实验室合作，对至今已知最

---

22 Wilkins MR, Sanchez JC, Gooley AA, et al. Progress with proteome projects: why all proteins expressed by a genome should be identified and how to do it . Biotech & Genetic Engineering Rev, 1995, 13:19-50.

23 Strupat K, Karas M, Hillenkamp F, et al. Matrix-assisted laser desorption ionization mass spectrometry of proteins electroslotted after PAGE. Anal Chem, 1994, 66:464-470.

24 Mann M, Hojrup P, Roepstorff P. Use of mass spectrometric molecular weight information to identify proteins in sequence databases. Biol Mass Spectro-metry, 1993, 22: 238-245.

小的自我复制生物（*Mycoplasma genitalium*，一种支原体）进行了蛋白质成分的大规模分离与鉴定，并在文献中首次公开使用"proteome"一词，同时指出该文所采用的技术体系对于大规模鉴定并分析基因对应的产物以及发现新型蛋白均具有十分重要的意义[2]。

（二）蛋白质组的含义

根据 Wilkins 等人[22]的定义，"proteome"一词源于"protein"与"genome"的杂合，意指"一种基因组所表达的全套蛋白质"；Swinbanks[4]则指出"proteome"代表一完整生物的全套蛋白质。与此同时，Kahn 则认为"proteome"反映不同细胞的不同蛋白质组合[3]。由此可见，"proteome"有 3 种不同的含义：一个基因组、一种生物或一种细胞／组织所表达的全套蛋白质。

三、蛋白质组研究的技术路线与相关技术

一般细胞含有数千种乃至上万种蛋白质。蛋白质组研究的宗旨是将组织或细胞所有蛋白质（至少是大部分）分离与鉴定。为达到目的，它引进了下列技术[22]：双相电脉（2-DE），如 ISO-DAL T，IPG-DAL T 或 NEPHGE；图像分析系统，如 ELSIE 4 & 8，gellab Ⅰ & Ⅱ，MELANIE Ⅰ & Ⅱ，QUEST Ⅰ & Ⅱ 与 PDQUEST，TYCHO & KEPLAR；蛋白质鉴定方法，如氨基酸组成分析，序列测定，肽质指纹图（peptide mass fingerprinting，PMF），分子量精确测定；HTS（high throughput system）系统与大规模样品处理机器人；数据库设置与检索系统[25]。其中，蛋白质鉴定采用了新近出现的新型质谱（MS）技术，如 MALDI-TOF(matrix assisted laser desorption ionisation-time of flight)MS 与 ESI(electrospray ionisation) /MS/MS。

大规模蛋白质组分析过程包括样品制备、图像分析、蛋白质成分的分析

---

25 Geisow M, Proteomics. One small step for a digital computer, one giant leap for humankind. Nature Biotech, 1998, 16:206.

与鉴定。其技术路线见图1，数据处理见图2。其中"层次分析"（hierarchial analysis）包括[26]：氨基酸分析、肽质指纹图谱（PMF）、氨基酸分析与PMF联合、序列标签途径、N端Edman降解蛋白与微量测序、蛋白质内肽微量测序、MS（MALDI-TOF，ESI）微量测序、"Ladder"测序、MS对PVDF膜或电泳胶上低拷贝分子的系统筛选、基因组文库中克隆片段的倾向性表达。

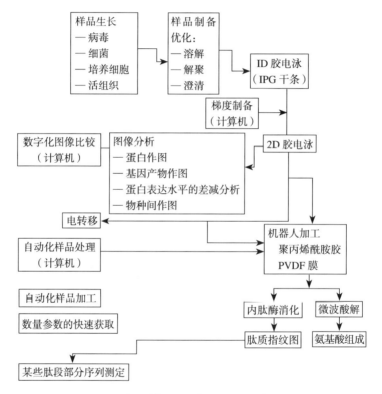

图1　大规模蛋白质组分析技术路线

26　Humphery SI, Cordwell SJ, Blackstock WP. Proteome research: complementarity and limitations with respect to the RNA and DNA worlds. Electrophoresis, 1997, 18: 1217-1242.

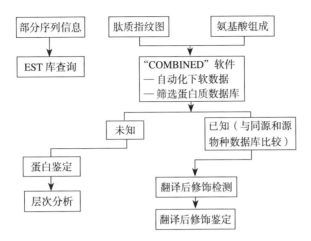

图 2 蛋白质组分析中的数据分析与蛋白质鉴定

四、蛋白质组研究的国际现状及已有进展

（一）发展速度与规模

自 1995 年"proteome"一词问世以来，截至 1997 年底相关文献已达 41 篇，其中研究论文 28 篇，各类评述、综述 13 篇。研究论文中，1995 年 1 篇，1996 年 4 篇，1997 年 23 篇。1995 年首倡"proteome"的两家澳大利亚实验室，1997 年分别挂牌"Centre for Proteome Research and Gcnc Product Mapping，National Innovation Centre"和"Australia Proteome Analysis Facility"。同年，丹麦成立"Centre for Proteome Analysis in Life Sciences"，美国成立专事此类研究与开发的两家公司："Proteome，Inc. Beverly，MA"和"Large Scale Biology Corp，Rockville，MD"。参与国家，1995 年只有澳大利亚，1997 年则发展到美国、丹麦、瑞士、英、法、日、瑞典、意、德等 10 国。国际著名学府如哈佛大学、斯坦福大学、耶鲁大学、密执安大学、华盛顿大学、欧洲分子生物学实验室、巴士德研究所、瑞士联邦工业学院等均跻身此类研究。其中，澳大利亚悉尼大学与 Macquarie 大学仍执牛耳，但美欧多家实验室已奋起直追，正是"群雄纷起，逐鹿中原"。

（二）研究材料

1995 年，Wasinger 等人[2]在第一篇蛋白质组研究文章中研究的对象为目前已知最小但能自主复制的原核微生物——支原体 *Mycoplasma genitalium*。1996 年，研究对象即扩展到单细胞真核生物——酵母[27]以及人体正常组织及病理标本[28]，进而突破了早期人们普遍认为的"蛋白质组研究只适用于基因组计划已完成的生物"的界限[2, 22]。因此，1997 年，研究对象一下扩展到 14 种生物，其中虽绝大多数为原核生物，但也包含多细胞真核生物如线虫[20]。由此可见，蛋白质组研究对象已无任何限制:无需基因组计划完成（当然完成者更好），无原核生物 / 真核生物、单细胞 / 多细胞、组织之分。

（三）研究范围

"蛋白质组"不仅其研究已成为具有重大战略意义的科学命题，而且其分析已成为一种十分有效且应用广泛的研究手段。正因如此，蛋白质组的研究与分析其范围在短时间内即扩展到令人惊诧的程度。据不完全统计，目前至少已涉及如下方面:①蛋白质，如蛋白质组作图[29]、蛋白质组成分鉴定[30,31]、蛋白质组

27 Shevchenko A, Mann M, Boucherie H, et al. Linking genome and proteome by mass spectrometry: large scale identification of yeast proteins from two dimensional gels. PNAS, 1996, 93: 14440-14445.

28 Celis JE, Rasmussen HH, Vanderckhove J, et al. Human 2-D PAGE databases for proteome analysis in health and disease: bttp:/ / biobose, dik/ egi-bin/ celis. FEBS Lett, 1996, 398:129-134.

29 Langen H, Fountoulakis M, Takacs B, et al. From genome to proteome: protein map of *Haemophinlus influenzae*. Electrophoresis, 1997, 18:1184-1192.

30 Cordwell SJ, Humphery SI, Shaw DC, et al. Characterization of basic proteins from spiiroplasma melliforum using novel immobilized pH gradients. Electrophoresis, 1997, 18: 1393-1398.

31 Link AJ, Church GM, Robison K. Comparing the predicted and observed properties of proteins encoded in the genome of *Escheriichia coli* K-12. Electro- Phoresis, 1997, 18: 1259-1313.

数据库构建[32]、新型蛋白质发掘[33]、蛋白质差异显示[34]、同功体(isoform)比较[35,36]；②基因，如功能基因组计划[35,36,37]、基因产物识别[38]、基因功能鉴定[39]、基因调控机制分析[40,41]；③重要生命活动的分子机制，包括细胞周期[26]、细胞分化与发育[32,42]、肿瘤

32 Yan JX, Williams KL, Hochstrasser OF, et al. The Dictyostelium discoidenm proteome the SWISS-2D PAGE database of the multicellular aggregate(Slug). Electrophoresis, 1997, 18: 491-497.

33 O'Connor CD, Qi SY, Fowler R, et al. The proteome of Salmonella enteria serovar typhimurium: current progress on its determination and some applications. Electrophoresis, 1997, 18: 1483-1490.

34 Guerreiro N, Djordievic MA, Rolfe BG, et al. New Rhizobium leguminosarum flavonoid induced proteins revealed by proteome analysis of differentially displayad proteins. Mol Plant Microbe Interact, 1997, 10:506-516.

35 Link AJ, Yates JR, 3rd, Carmack EB, et al. Identifying the major proteome components of *Haemophilus influenzae* typestrain NCTC 8143. Electrophoresis, 1997, 18:1 314-1 334.

36 Link AJ, Church GM, Robison K. Comparing the predicted and observed properties of proteins encoded in the genome of *Escheriichia coli* K-12. Electrophoresis, 1997, 18: 1259-1313.

37 Garrels JI, Payne WE, Mesquita FR, et al. Proteome studies of *Saccharomyces cerevisiae*: identification and characterization of abundant proteins. Electrophoresis, 1997, 18: 1347-1360.

38 Sazuka T, Ohara O. Towards a proteome project of cyanobacterium syoechocysitis sp stiain PCC6803: linking 130 protein spots with their respective genes. Electrophoresis, 1997, 18: 1252-1258.

39 Van Bogelen RA. Neidhardt FC, Olson ER, et al. *Escherichia coli* proteome analysis using the gene-protein database. Electrophoresis, 1997, 18: 1243-1251.

40 Dainese P, James P, Kertesz M, et al. Probing protein function using a combination of gene knockout and proteome analysis by mass spectrometry. Electrophoresis, 1997, 18: 832-842.

41 Blomberg A. Osmoresponsive proteins and functional assessment strategies in *Saccharomyces cerevisiae*. Electrophoresis, 1997, 18: 429-440.

42 Bin L, Zwilling R, Pallin V, et al. Two dimensional gel electrophoresis of *Gaenorhabdilis elegans* homogenates and identification of protein spots by microsequencing. Electrophoresis, 1997, 18: 557-562.

发生与发展[43,44]、环境反应与调节[32,37,41]、物种进化等[45,46,47]；④医药靶分子寻找与分析，靶分子类型包括新型药物靶分子[33,34,45]、肿瘤恶性标志[43,44]、人体病理介导分子[28]、病原菌毒性成分[33,45]。由此不难看到，"蛋白质组"研究与分析已涉足生命科学中一系列热点领域。

（四）主要进展

蛋白质组作图是蛋白组研究的主要领域。经过 3 年努力，在 1995 年已测定 10 种蛋白质组图（2-DE）[22]的基础上，又测定了 11 种生物或组织的蛋白质组图，其中 3 种生物（线虫[42]、豆科植物根瘤菌属[34]、*Ochrobactrum anthropi*[48]）的蛋白质组图超过 1600 点，3 种蛋白质组图（大肠杆菌[39]、盘基网柄菌[32]、人正常组织与病理组织[28]）建立数据库并上互联网；各类生物中第 1 个完整的蛋白质组数据库（YPD）完成[49]，含 6021 种蛋白；提出"蛋白差异显示"概念，并用于环境应激、基因突变、病理进程等研究[35]；建立"proteomic contig"方法，进而使

43 Ostergaard M, Celis JE, Wolf H, et al. Proteome profiling of bladder squamous cell carcinomas: identification of markers that define their degree of differentiation. Cancer Res, 1997, 57: 4111-4117.

44 Wimmer K, Hanash SM, Thoraval D, et al. Two-dimensional separations of the genome and proteome of neuroblastoma cells. Electrophoresis, 1996, 17: 1741-1751.

45 Urquhart BL, Haumphery SI, Brithon WL, et al. "Proteomic contig" of *Mycobacterium tuberculosis* and mycobacterium bovis（bcg）using novel immobilized pH gradients. Electrophoresis, 1997, 18: 1384-1392.

46 Corduell SJ, Humphery SI, Basseal DJ . Proteome analysis of *Spiroplasma melliferum*（A56）and protein characterization across species boundaries. Electrophoresis, 1997, 18: 1335-1346.

47 Cordwell SJ, Humphery SI. Evaluation of algorithms used for cross-species proteome characterization. Electrophoresis, 1997, 18: 1410-1417.

48 Wasinger VC, Humphery SI, Bjellqist B. Proteomic "contig" of *Ochroboctrum anthropi*, application of extensive pH gradients. Electrophoresis, 1997, 18: 1373-1383.

49 Payne WE, Garrels JI. Yeast protein database（YPD）: a database for the complete proteome of *Saccharomyces cerevisiae*. Nucleic Acids Res, 1997, 25: 57-62.

蛋白质组图分辨率提高 10 倍[48]；提出"蛋白连锁图"（protein linkage map）概念，改进双杂交系统，用于蛋白质组相互作用网络的分析[50,51]；联合液体自动取样器与 LC/ES-MS 技术，使蛋白质鉴定速度达 20 点 /d[35]；建立 2-DE 中糖蛋白与膜蛋白微量鉴定方法[52,53]；建立"Streamlined 样品处理"胶转膜技术，突破了大规模蛋白测序与氨基酸组成分析这两种严重影响蛋白质组分析中蛋白质鉴定的限速步[54]。

五、蛋白质组研究的发展趋势及我国的应对策略

蛋白质组研究的整体状况：相关技术已基本配套且基本达到实用化水平；已形成一定规模的专业队伍及专业机构，因此，其草创阶段已结束，发展阶段已开始；蛋白质组研究已成为后基因组时代最重大的生命科学命题之一；蛋白质组分析已作为专门的技术体系广泛用于生命科学众多领域尤其是热点领域的研究；蛋白质组的基础研究与分析应用正以指数增长方式发展，其对现代生命科学的介入与贡献将可能使生命科学工作者从核酸时代逐渐回归蛋白质时代，使对生命系统与活动分子机制的认识由间接的基因、核酸层次深入到生命的直接执行体——蛋白质层次，更将蛋白质研究无论是其规模还是深度均推进到前所未有的程度。人

50 Fromont RM, Legrain P, Rain JC. Toward a functional analysis of the yeast genome through exhaustive two-hybrid screens. Nature Genetics, 1997, 16: 277-282.

51 Lecenier N, Foury F, Goffeau A. Two-hybrid systematic screening of the yeast proteome. Bio-Essays, 1998, 20: 1-6.

52 Packer NH, Wiilliams KL, Redmond JW, et al. Proteome analysis of glycoforms: a review of strategies for the microcharacterisation of glycoproteins separated by two-dimensional PAGE. Electrophoresis, 1997, 18:452-460.

53 Qi SY, O'Connor CD, Moir A. Proteome of *Salmonella typhimurium* SL1344: identification of novel abundant cell envelope proteins and assignment to a two- dimensional reference map. J Bactoriol, 1996, 178: 5032-5038.

54 Yan JX, Hochstrasser DF, Pasqual C, et al. Large scale amino-acid analysis for proteome studies. J Chromatogr, 1996, 736: 291-302.

们不难看到，它是基因组计划由结构走向功能的必然与必需，是生命科学由分析走向综合的必经之路，是连接微观分子系统、运行机制与宏观生物系统、生命活动的桥梁。因此，人们不难预期，蛋白质组研究将成为 21 世纪生命科学的重要支柱之一，其发展未可限量。

人们在憧憬蛋白质组研究美好未来的同时，亦应看到"蛋白质组"作为"新生"领域在许多方面还很稚嫩，如 2-DE 的灵敏度虽然已达 fmol 水平，但仍难将细胞组织内多种痕量调控蛋白分离显示出来，而此类蛋白对于基础与应用研究都极为重要（甚至比高含量结构蛋白更为重要），此方面仍需进一步改进；此外，现有质谱技术虽然在蛋白质组成分的鉴定中高效、灵敏、特异，但所用仪器价格十分昂贵，十倍于 DNA 自动测序仪，国内外只有极少数单位有能力购置，因而其推广受到很大的限制，此方面技术与仪器如不改善，将使蛋白质组研究与进展神速的基因组计划严重脱节；此外，蛋白质组研究不能局限于对已完成基因组计划的理论预测的蛋白质组进行实证分析，还应开辟"战场"，一方面对未完成或根本未进行基因组计划的重要生物进行前瞻性蛋白质组研究，以推动其基因组研究，一方面大力加强重要生命活动中比较蛋白质组研究和重要组织的蛋白质组研究，后一方面将会有更大作为。

蛋白质组研究在国际上正如火如荼、轰轰烈烈，我国则刚启动。鉴于蛋白质组研究代表着生命科学研究中一个新的"制高点"，我国目前的状况应引起我们的高度警觉。虽然国家自然科学基金委员会已将"蛋白质组研究"作为重大项目立项，国内其他系统或专家亦动议将其列为国家基础研究重大项目，但近一年内国内只有极少数单位或专家真正动手进行此类研究。21 世纪生命科学在整个自然科学中的主导作用，我们注定要面对；蛋白质组研究在后基因组时代的支柱作用我们也必定要面对。我们与其到时"亡羊补牢"，不如现在就奋起直追。为此，综合考虑国际基因组与蛋白质组研究的现状与趋势以及我国基因组研究与蛋白质组研究相关技术的基础，作者认为我国的蛋白质组研究不能重复或追随国际已有的工作，而应与我国现行的基因组研究及其他有我国特色或优势的生命科学研究紧密结合（但决不能仅仅融入这两大方面的项目中），走出自己的路。因此，建议开展如下工作：①重大生命活动中蛋白质组的比较研究。选取 1 ~ 2 类重大生命活动（如重大疾病）中几个相继的重要阶段，分别进行蛋白质组作图，进行系统的定性、定量比较，进而对差别蛋白进行鉴定，然后从核酸、蛋白 2 个层次对差别蛋白进行性能分析，从而确定重大生命活动的蛋白质组基础。② 1 ~ 2 种组织或细胞蛋白质组的系统研究。选择 1 ~ 2 种具有重要生物学意义或性状、且我国正进行 cDNA 大规模测序的组织或细胞，制备其高分辨率蛋白质组图并建立其蛋白质组图数据库，进而联合应用其 cDNA 大规模测序的数据，规模化研究其蛋白质组成。③蛋白质组的生物信息学研究。蛋白质组成员的序列、结构、功能及定位分类；基于生化途径、遗传网络等，构建蛋白质组功能系统即蛋白连锁图；建立人或其他哺乳动物蛋白质组数据库；高等生物基因组中蛋白质编码基因的识别及算法研究；基因翻译产物的结构、功能预测；基于蛋白质数据库与知识库的知识与规律发现。④蛋白质组分析的支撑技术研究。新型蛋白质结构、功能预测方法及程序；大规模蛋白质相互作用分析技术；蛋白质分析鉴定中新型质谱技术的发展及应用；基于蛋白质序列、结构及蛋白质组数据库的知识与规律发现的理论与方法；HTS（high throughout system）系统及蛋白质组分析自动操作系统（蛋白质组分析机器人）等。

分子进化工程[1]

李满文　贺福初

分子进化工程是继蛋白质工程之后的第三代基因工程。它通过在试管里对以核酸为主的多分子体系施以选择压力，模拟自然界中生物的进化历程，以达到创造新的基因、新的蛋白质的目的。

达尔文用"适者生存、不适者被淘汰"的自然选择学说阐述了生物进化的原因。本世纪 60 年代以来，实验表明，这种生物自然种群层次式的进化机理可在试管里分子层次上模拟。实现达尔文式进化的必备条件是增殖、突变和选择。任何具备前两者的实体不论在整体层次还是在分子层次，只要有选择作用，其群体必定产生达尔文式进化并最终出现最适应所处环境的类型。

一、试管进化体系的建立

1967 年，米尔斯（Mills）等首次在试管里实现了达尔文式分子进化。他们

1《科技导报》，（6）：3-5，1995

曾研究一种称为 Qβ 的 RNA 噬菌体，建立了含有 QβRNA、QβRNA 复制酶及四种合成 RNA 的底物核苷三磷酸的多分子体系。由于复制时很容易产生差错，因此复制中总伴有突变发生。米尔斯的办法是，每当 QβRNA 在试管里复制到 20 分钟时，就取出一定量反应混合物转移到另一试管中，再补充酶和底物后，继续复制，如此往复，以求试管里多分子体系不会因扩增而不稳定。另外，通过缩短复制时间作为选择压力，使产生的 RNA 分子越变越短。到第 74 次复制时，它的链长仅为原来的 17%，只剩下 RNA 两端，以作为复制酶识别并控制起始复制所必需的序列，同时其复制速率提高了 15 倍。从对实验全过程的跟踪分析中发现，变异型的产生过程与达尔文强调的由于选择保存和积累有利变异而引起的渐进适应过程相符，因此称之为"试管里的达尔文式分子进化"。该实验启迪人们借改变多分子体系的条件来设计不同的选择作用，以获得具有预期功能的变异型，从而使试管进化不仅提供了分子进化机理的模型，而且由于是在事先不必知道任何结构和功能关系的基础上就获得目标分子，因此也成为生物工程的一种全新技术。

实现试管里的达尔文式进化需要三个连续往复的化学过程：扩增、突变和选择。扩增可产生携带有遗传信息的分子的众多拷贝；突变是在基因型水平上引进变异，这种变异为选择提供原材料；选择是在表型水平上通过适者生存、不适者淘汰的方式固定变异。这三个过程必须紧密相联，以便使那些被选择的分子得以扩增，并不断引进新的变异，进而进行新的选择。

试管进化体系的建立包括两个阶段：选择与扩增的结合和扩增与突变的结合。1987 年，奥利芳特（Oliphant）和斯特拉尔（Struhl）认为，在试管里将选择与扩增相结合会极大地加强选择的分离和富集作用。索斯达克（Szostak）估计，有可能从 10^{15} 个不同分子中选出一个目标分子。1980 年，金斯勒（Kinzler）和沃格尔斯坦（Vogelstein）首次实现了这一设想。1990 年，他们又用此法确定了人类 GLI 蛋白质在 DNA 顺序上的结合部位。1990 年，埃林顿（Ellington）等

对含化学合成的 10^{15} 种随机顺序的分子群进行了五轮选择与扩增，得到了与几种有机染料专一性结合的 RNA，并确定了 RNA 顺序上与有机染料专一结合的部位。1992 年，乔伊斯（Joyce）等借改变反应条件使 PCR 伴有突变发生，不仅使试管中选择与扩增相结合，而且使扩增与突变相结合。由此他们建立了四膜虫 ribozyme（L-21 型）的试管里进化体系，并称之为"试管里的定向进化"。

这种在 1987 ～ 1992 年间建立起来的"试管里的定向进化"的基本方法是：

1. 用化学方法合成含诸核苷酸序列变异体的分子库，分子库越大（所含分子数受目前实验条件限制仅为 10^{13}），涉及功能的序列变异越多样则越理想。

2. 给分子库施加压力，以选择出功能符合实验者要求的分子。

3. 对选择出来的数量极微的顺序进行扩增，其中 DNA 通过 PCR 扩增，RNA 通过由 cDNA 而来的 dsDNA 的转录而扩增。这些扩增方法适用于任何顺序，而米尔斯等建立的体系中，用 Qβ RNA 复制酶受顺序特点的限制。因此，新体系使试管进化的研究和应用范围大为扩大。

二、试管进化研究的现状

美国国家航空和航天局在星际探险和搜索生命时对生命所下的定义是：生命是能够经历达尔文式进化的一种自我维持的化学系统。在生命的化学系统中起决定作用的是四种生物大分子：核酸、蛋白质、多糖和脂类。生命体系的自复制、自组装和自调节无不与之相关。试管里的定向进化，即分子进化工程就是模拟这些生物大分子的进化历程，以获得新型的催化剂、酶和新药。近年来的研究主要限于核酸，尤其是 ribozyme。

（一）RNA 的定向进化

实现 RNA 定向进化首先要解决 RNA 的增殖问题。目前通用的方法是建立逆转录 – 转录系统，该系统涉及两种酶，即逆转录酶和 RNA 聚合酶。需要有一对引物，其中一个引物附加有转录启动子；另外还要加入合成 RNA 的四种 rNTP

和合成 DNA 的四种 dNTP。这种定向进化系统一开始就要有足够的异质性，并且在增殖中不断引进变异，否则选择就无对象。建立异质性群体目前有三种方法：

（1）鸟枪法，使大分子的所有位点发生变异，适用于寻找新的特性分子，但要选择的分子库往往过大。

（2）覆盖法，使随机变异仅发生在所选定的区域内，此法需对大分子结构与功能有较多了解，其选择目的要十分明确。

（3）集中法，当希望获得已知大分子的某种改进性能时，可用这种分子的一组突变体，该方法最为常用。

改变实验条件使增殖中总伴有变异发生。由于新的变异是在原有经选择的基础上发生的，因而具有倾向性。重复随机突变是在实验体系内实现达尔文式进化的关键。增殖和突变方法在建立后就可用多种选择方法来研究 RNA 的定向进化。

1992 年，乔伊斯的实验室建立了四膜虫 ribozyme（L-21 型）的进化体系。乔伊斯等以其 10^{13} 个变异株为起始群体，通过与 DNA 靶序列接触，获得能与其结合的 RNA 分子，经过选择性扩增，并且改变正常的反应条件以在扩增中引入新的变异，产生具有更强结合和分解能力的分子。进化九代后，就从原来仅在 50℃对 DNA 有极微弱剪切作用的 ribozyme 中，得到在 37℃对 DNA 有剪切作用、其活性提高 30 倍的 ribozyme 变异体。随后研究表明，该 ribozyme 进化十代后，裂解 DNA 的能力提高了 100 倍；进化 27 代后，提高了 10 万倍。乔伊斯等还使从四膜虫 ribozyme（L-21 型）进化到第九代所得到的 RNA 变异型的模板在大肠杆菌中表达，结果发现能抗 M13 病毒的入侵。此外，该酶作用的底物由 RNA 变为 DNA 具有重大的医疗价值。例如，用它来切除入侵病毒中的有害 DNA，达到彻底消灭入侵病毒的目的。1993 年，乔伊斯等还用同样方法获得了底物不变，但反应条件改变的 ribozyme 变异型。他们得到的 ribozyme 由原来催化反应必需有 Mg^{2+} 和 Mn^{2+}，变为只要有 Ca^{2+} 而无 Mg^{2+} 和 Mn^{2+} 均可。

ribozyme 一直是试管进化研究的热点。1992 年，格林（Green）和索斯达克

（Szostak）用试管进化方法改善了 Suny ribozyme 缺失型的功能。他们用的 Suny ribozyme 来自一种自我切割的 RNA I 型内含子。这种 ribozyme 分子量很小，虽然可进一步缺失非必需区域，但片段缺失后酶活性严重下降。他们用试管进化方法得到了分子量更小的突变体，这些突变体比原来的 ribozyme 在 RNA 多聚酶活性和自我复制速率方面都有很大提高。随后索斯达克等又从 RNA 碎片组成的巨大分子库中分离出一种新的 ribozyme。这种酶通过催化结合在模板上的两个 RNA 分子的 3'- 羟基和 5'- 磷酸根反应，而把两个 RNA 分子连接起来，就像我们所熟知的蛋白类酶催化 RNA 的合成一样。该酶还可以催化 3'-5' 双磷酸键的形成。实验表明，这种新 ribozyme 的催化效率比未经进化的 ribozyme 提高了 700 万倍。目前普遍认为，索斯达克等用试管进化方法获得具有模板和复制酶功能的 RNA 分子的工作，对生命起源的"原基因说"和吉尔伯特（Gilbert）的 "RNA 世界说"将是极大的支持。

达尔文的重复选择、增殖和突变的法则已成为科学家手中的有力工具。包括索斯达克在内的一些学者正利用它重建分子进化的过程。人们推测，在几十亿年的进化历程中，RNA 曾具有过一些酶的性质，如 DNA 酶活性、RNA 多聚酶活性、ATP 酶活性等，后来丢失了。现在人们正通过分子进化工程方法重新使其获得这些性质，希望以此产生更多新的有益性状，并真正重视生命起源与生物进化的分子里程。

（二）DNA 的定向进化

PCR 是目前生物技术中应用最广的 DNA 体外扩增技术，人们已将其用于 DNA 的定向进化，从中选出有特殊性能的 DNA 分子。

目前虽有一些能溶解血栓的蛋白质药物，可用来治疗心肌梗死、脑血栓等疾病，但是蛋白质药物易使这类病人产生过敏反应，因而其使用受到限制。于是人们设想利用不易产生过敏反应的 DNA 来开发抗凝血药物。1992 年，图尔（Toole）的实验室通过试管里的定向进化获得了能抑制凝血酶活性的 DNA 分子。他们构

建了 10^{13} 条不同序列的单链 DNA，并把这些 DNA 分子与固定于固体支持物表面的凝血酶相接触，其中绝大部分 DNA 未与凝血酶结合，而从支持物上被洗脱下来，只有极少数 DNA 分子能与凝血酶结合。将这部分 DNA 回收，并用 PCR 扩增，然后经固相化的凝血酶选择，如此重复 5 次，最终得到了高度富集的可结合凝血酶的 DNA。经猴子和狒狒动物实验表明，这类 DNA 具有有效的抗凝血作用。

埃林顿和索斯达克则利用类似分离 RNA "适体"（aptamers）的方法，从一个 DNA 的巨大分子库中，通过定向进化得到了能与配体结合的 DNA（称为 DNA 适体）。配体与 DNA 的结合有赖于 DNA 分子适当折叠结构的形成。实验表明，有些配体不与 RNA 结合而只与 DNA 结合，同时 DNA 可用来催化某些化学反应。他们认为，与筛选催化性抗体方法相似，通过对过渡状态结合体的精心选择出来的 DNA 适体能够作为新型的催化剂。这类 DNA 适体在开发治疗用药物方面比 RNA 更有发展前途。

（三）蛋白质的定向进化

蛋白质是细胞主要的功能分子，它的定向进化有很大的理论与实用价值。然而，蛋白质的增殖和突变不是入选分子自身，而是它们的遗传基因。如何将两者统一呢？80 年代末发展起来的噬菌体显示技术为此提供了思路。

fd 和 M13 是一类含单链环状 DNA 的丝状噬菌体，基因Ⅲ编码吸附蛋白 PⅢ，该蛋白 C 端附着于噬菌体末端，N 端伸展在外。将外源基因重组插入到基因Ⅲ编码蛋白质的 N 端附近，表达产物成为融合蛋白，外源蛋白以独立的空间结构伸展在 PⅢ的 N 端。如果将外源基因经诱变或随机合成构成一个突变或随机库，然后将所有此类基因插入噬菌体的基因Ⅲ位置，外源蛋白就在噬菌体末端被显示。利用亲和反应吸附噬菌体就可以选择出结合力强的外源蛋白及外源基因。

噬菌体显示技术已用于从肽库和突变库中选择多种蛋白质。利用该技术，并建立复杂的实验系统为每代提供变异，使选择、增殖和突变能沿一个方向不断进行下去，就可以在试管里实现蛋白质的定向进化。

1993 年，美国两位科学家用一种巧妙的方法解决了试管里的蛋白质进化的问题。他们把含有枯草杆菌蛋白酶信息的每一个基因变种插入到一种宿主菌体内，然后将进化出的枯草杆菌蛋白酶和这种细菌群体分泌出的酶比较。为了估计这种枯草杆菌蛋白酶变种的催化能力，他们将细菌苗体培养在琼脂培养基上，接着观察围绕它们形成的晕——活性蛋白质降解的标志。再将这些活性群体转移到含 60% 二甲基甲酰胺（DMF）的培养皿中。最后，他们选出能形成最大晕的群体作为优胜者，扩增其基因并用于下一次选择。第二、三代逐步增加 DMF 浓度，结果进化出来的枯草杆菌蛋白酶在 DMF 中的活性比原先酶的活性提高了 256 倍。1994 年，威廉（Willem）和斯泰姆（stemmer）利用诱变的 DNA 杂混（mutagenic DNA shuffling）方法，进化得到了一种新的内酰胺酶。其他实验室也在努力寻找试管里蛋白质定向进化的方法。化学家们希望通过试管里进化研制出能够在大范围内使用的多功能酶，以便把它们用作工业上的催化剂。

三、分子进化工程展望

分子进化工程是通过模拟生物进化历程的定向进化技术，借以创造新的基因、蛋白质乃至新的物种。目前试管中进化方法不足之处是进化实体限于核酸，蛋白质的定向进化研究还刚刚起步。1992 年，布伦纳（Brenner）和勒纳（Lerner）提出"编码组合法"，企图将其应用到任何种类的大分子。此外，在如何扩大分子群使所含分子数超过 10^{14}；如何设计更严格的实验条件以加大选择强度；如何简化操作、缩短实验周期等方面也需改进。然而，它一经问世就受到了普遍的关注，因为分子进化工程突破了以往基因工程和蛋白质工程的主要局限，即必须知道产物基因序列或蛋白质序列及其结构与功能的相关性；其产品均为蛋白质，加工工艺复杂，成本昂贵，且由于蛋白质分子量大，对于某些类型的病人难以使用。

分子进化工程为我们开辟了广阔的前景。科学家们可以通过试管里的分子进化获得新型的催化剂、酶和新药。化学家们希望通过试管进化研制出大范围使用的多功能酶，以作工业上的高效催化剂。利用分子进化工程还可以改良物种，培育出更多优良的微生物、农作物和饲养动物。此外，利用试管进化能在实验室里揭示生物分子的详细进化历程，对探讨生命起源及生命进化的分子机制有着十分重要的意义。

　　总之，以试管进化为基础的分子进化工程将为生物工程开辟一个崭新的、富有魅力的领域。

中国蛋白质组计划[1,2]

一、国家层面上对蛋白质组学的部署不容迟缓

"蛋白质组"指一种细胞、组织或完整的生物体所拥有的全套蛋白质。

人类基因组计划被誉为 20 世纪的 3 大科技工程之一。其划时代的研究成果——人类基因组序列草图的完成宣告了一个新的纪元——"后基因组时代"的到来。其中，功能基因组学成为研究的重心，蛋白质组学则是其"中流砥柱"之一。正因如此，《自然》和《科学》杂志在公布人类基因组序列草图的同时，分别发表了述评与展望，将蛋白质组学的地位提到前所未有的高度，认为是功能基因组学这一前沿研究的战略制高点，蛋白质组学将成为新世纪最大战略资源——人类基因争夺战的重要"战场"。

新世纪来临，我国面临巨大的机遇也遭遇极大的挑战。

1 本文为作者在第七届海内外生命科学论坛学术研讨会的大会报告

　本文于 2002 年 7 月 8 日收到

2《中国科学基金》，16（5）：264-8，2002

挑战之一关系到我国人民的健康保障：能否不断地对影响我国人民健康的重大疾病提出有效的预防诊治措施？能否为社会提供来源充分、价格合理、疗效显著的预防诊治药品？

目前的形势十分严峻。由于历史及经济的原因，我国制药业长期重生产而轻创新，一度曾普遍以仿制国外新药为主要"研发"战略，致使我国的制药业极为缺乏独立知识产权。当我国的经济与国际接轨以后，拥有强大研发力量及大量知识产权的跨国制药企业涌入我国，如果我们仍然忽视创新和知识产权，不能在生物科技的发展上处于有竞争能力的地位，我国的民族制药工业以至整个医疗保健事业将面临严重危机。这对于一个拥有 13 亿人口而又处于发展中的国家来说决不能掉以轻心。

功能基因组学，特别是作为其重要组成部分的蛋白质组学的发展给我们提供了一个难得的机遇和机会。蛋白质组学的特点是采用高分辨率的蛋白质分离手段，结合高效率的蛋白质鉴定技术，全景式地研究在各种特定情况下的蛋白质谱。由于蛋白质是生物细胞赖以生存的各种代谢和调控途径的主要执行者，因此蛋白质不仅是多种致病因子对机体作用最重要的靶分子，并且也成为大多数药物的靶标乃至直接的药物。药靶，来源于对生命活动的生理病理过程的研究；药靶，又形成制药业的发展源头。蛋白质组学正是近年来新发展起来的强有力的发现药靶的技术平台，作为一个新的学科发展领域，它对所有及时进入的国家都将提供巨大的机会。机不可失，时不我待。

一项科学统计表明，在 20 世纪 90 年代中期，全世界制药业用于找寻新药的药靶共约 483 个，它们主要是蛋白质（受体占 45%，酶占 28% 等）；而当时全世界正在使用的药物总数约是 2000 种，其中的 85% 都是针对上述 483 种药靶。这 483 种药靶分子构成了全世界药厂的最重要的发展源泉。从功能基因组学的角度，人们认为每种疾病平均与 10 个左右基因相关，而每种基因又可能与 3 ~ 10 种蛋白质相关，如果以人类主要的 100 ~ 150 种疾病进行计算，则应该有 3000 ~ 15 000 种的蛋白质具有成为药靶的可能。也就是说还可能有几千到上万种的新药靶将被发现，这将是功能基因组学尤其是蛋白质组学研究有可能带来的一笔巨大的科学、经济财富。这也是为什么蛋白质组学作为发现药靶的主要技术平台，自20世纪90年代末期以来越来越受国际巨型跨国制药集团垂青的重要原因所在。

提高人口健康水平的源头是阐明重要生理病理过程的发生机制及认清疾病的诱发启动和发展转归的过程。我国对肝炎、肝癌、心血管疾病等重大疾病及神经内分泌、造血、神经损伤等重要生理病理过程均曾进行过较系统深入的病理学或基因组学研究。而基因组学虽然可在基因水平对疾病的遗传因素提供了解，但仅此是往往不够的。基因组是生命体遗传信息的载体，而蛋白质组是生命活动的执行体。生命体的统一性在于基因组，生命体的复杂性与功能性却在于蛋白质组。人体中各组织、细胞间基因组完全相同，而其形态上、功能上的重大差别关键在于蛋白质组的不同。此外，细胞中的基因和蛋白质并不存在绝对的线性关系。一个开放读码框（ORF）并不一定预示存在一个相对应的功能性蛋白；mRNA水平并不一定与蛋白质的表达水平完全对应；翻译后修饰及同工蛋白质（isoforms）等现象在基因水平无从表现；蛋白质与蛋白质的相互作用更是难以在基因水平得以预知。所有这些都需要通过蛋白质组学的研究来加以阐明。

因此，我们建议通过对肝脏、造血、神经内分泌等重要生理病理过程的"组成性蛋白质组学"分析及肝炎、心脑血管病、肿瘤等重大疾病的"比较蛋白质组学"研究，在蛋白质组水平上为严重影响我国人群健康的重大疾病的预警、诊断、治疗与预防提供新的思路和新的策略。其中，心脑血管疾病是我国居第一位的健康杀手；原发性肝癌是世界上最常见的原发性肿瘤之一，在因此而死亡的病例中，我国占有一半；在我国即将到来的老龄化社会中，老年痴呆症、帕金森症等神经系统疾患的危害将日益突出。因此开展对上述疾病的蛋白质组学研究势在必行。

到目前为止，生物技术药（指用重组技术、杂交瘤和转基因方法等生产的蛋白质、多肽、RNA、DNA等的治疗剂）的56%是针对所谓的"稀有疾病"。这主要是因为这些"稀有疾病"往往由单基因的异常所致，而此类异常可通过传统的单一基因或蛋白的分析予以揭示。基因组学研究使得人们可以从全基因组的水平，以相互关联、网络化、多基因的全局性观点来研究疾病。随着基因组学、蛋白质组学技术的发展，涉及到多基因、多蛋白甚至蛋白质作用网络的常见病、多发病，其发生发展机制的认识必将取得突破。我国蛋白质组学技术平台、研究体系的建立，其意义与作用将决不局限于上述所建议的少数几类重大疾病的研究，而会是一个通用性的研究平台，将适用于对更多种严重影响我国人民健康的重大、常见疾病的研究。

我国的基因组学研究已取得重大的成就，通过人类基因组项目及多种资源微生物的全基因组测序，我们不仅建立了国际先进水平的规模化工作能力，同时在人体重要生理病理体系的规模化表达谱的建立、中国人群优势致病菌株的全基因组序列分析等方面都取得了引人瞩目的成绩。其中，我国作为 6 个参与国之一，而且作为唯一的发展中国家的代表完成的 1% 人类基因组序列测定，赢得了国内外的广泛称赞；在国际上首次完成的下丘脑 – 垂体轴 – 肾上腺轴和人胎肝、CD34+ 造血干 / 祖细胞和海马大规模 cDNA 测序，使我国发现了一批国际上从未涉足的人类新基因，其新基因及基因表达谱已相继在国际核心学术刊物上发表并获国际学术界承认。上述研究使我国在国际基因组学领域占有了重要的一席之地，同时为开展上述体系的蛋白质组表达谱、功能连锁群的研究，并实现人类组织或细胞中从未有过的转录组与蛋白质组的对接与集成奠定了重要基础。

基于此，我们建议以我国基因组学研究的雄厚基础为出发点，从蛋白质组水平上继承并发扬其已有的成果，使其由单纯的核酸序列信息或理论推测转化成我国生物技术能进一步开发的系列实物性蛋白质；并通过其蛋白质组功能连锁群的建立，进一步提升研究水平，扩大我国在此类系统研究上的特色与优势；同时，基于上述体系的独特性及国际上研究的空白，可望通过一批人类新型蛋白质的确认与发掘，为人类基因组草图完成时未曾确认的大批推测性基因从编码产物的层次提供确凿的规模化识别、鉴定与确认，从而为 HGP 战略目标的实现作出我国学者的历史性贡献。

我国在蛋白质化学与蛋白质科学领域曾取得举世瞩目的成就，近年在蛋白质组学这一新兴领域已有了良好的基础，一批研究结果已在国际蛋白质组学核心期刊发表，技术平台的部分指标达到国际先进水平。但是，现有的规模与层次难以提供我国医药卫生事业与生物技术产业迅猛发展所急需的、强有力的蛋白质组学学术与技术支撑，难以适应我国基因组学等现代生命科学前沿领域对蛋白质组学的广泛需求，难以应对国际在蛋白质组学这一战略"高地"的激烈竞争。因此，国家层面上对蛋白质组学的部署及大力支持不容迟缓。

二、国内外研究现状和发展趋势

（一）国外研究现状

基因，尤其是基因组研究形成了 20 世纪生命科学研究一道亮丽的风景线。截至 2001 年底，已公开发表至少 84 种生物体的基因组全序列（含染色体），其中包括古细菌 12 种、细菌 57 种、真核生物 15 种，此外有 200 余种原核生物和 150 余种真核生物或其染色体的基因组正在测序。基因组研究所产生的"海量"数据和大量新型技术以前所未有的深度与广度极大地推动了生物医学多学科的飞速发展。

但是，随着大量生物体全基因组序列的获得，特别是人类基因组序列草图的完成，基因组研究的战略重点不可避免地从结构基因组学转向功能基因组学，而蛋白质组学正是作为功能基因组研究的重要支柱，在 20 世纪 90 年代中期应运而生。近年，《自然》和《科学》以及其他一些重要杂志，接连刊登有关蛋白质组学的评论文章或原始论著，明确表明了蛋白质组学已经成为新世纪生命科学研究的前沿。

蛋白质组学的第一篇原始论著 1995 年发表于国际上并不著名的《电泳》杂

志（1995，16：1090）。如果说蛋白质组学刚诞生时没有立即得到国际生命科学界主流的高度重视，那么近3年已发生巨大的变化：美国国立卫生研究院（NIH）所属的国立癌症研究所（NCI）投入了大量经费支持蛋白质组研究，其中1000万美元用于在密执安医学院建立一个有关肺、直肠、乳腺和卵巢等肿瘤的蛋白质组数据库；此外，国立癌症研究所和美国食品与药物管理局（FDA）联合，投入数百万美元，资助建立一个有关癌症不同发病阶段和治疗阶段的蛋白质组数据库。美国能源部不久前也启动了蛋白质组项目，旨在研究涉及环境和能源的微生物和低等生物的蛋白质组。

欧共体目前正资助酵母蛋白质组研究。英国生物技术和生物科学研究委员会最近也资助了3个研究中心，对一些已完成或即将完成全基因组测序的生物进行蛋白质组研究。在法国，新成立了5个区域性遗传基地，它们将得到为期3年的资助，每年约500万美元，这些经费将平均用于基因组、转录组和蛋白质组研究。德国的联邦研究部提供700万美元，在德国东部罗斯托克建立了一个蛋白质组学中心。1997年澳大利亚政府即着手建立第一个全国性的蛋白质组研究网APAF。APAF为该国的有关实验室提供一流的仪器设备，并把它们整合在一起，进行大规模的蛋白质组研究。日本的科学与技术委员会也已先期由政府出资300万美元开展蛋白质组研究，近期更是以1000万美元启动水稻的蛋白质组研究。韩国即将以上亿美元的资金启动肝脏的蛋白质组研究。台湾已举资2亿美元开展衰老的蛋白质组研究。

由于蛋白质组学研究比基因组学研究更可能接近实用，具有巨大的市场前景，企业与制药公司纷纷斥巨资开展蛋白质组研究。如独立完成人类基因组测序的赛莱拉公司已宣布投资上亿美元于此领域；又如日内瓦蛋白质组公司与布鲁克质谱仪制造公司联合成立了国际上最大的蛋白质组研究中心。由此可见，蛋白质组学虽然问世不到10年，但鉴于其战略的重要性和技术的先进性，已成为西方各主要发达国家、各跨国制药集团竞相投人的"热点"与"焦点"。

蛋白质组学的前沿大致分为 3 大方向：①针对已完成基因组或转录组研究的生物体或组织 / 细胞，建立其蛋白质组或亚蛋白质组（或蛋白质表达谱）及其蛋白质组连锁群，即组成性蛋白质组学研究；②以重要生命过程或人类重大疾病为对象，进行重要生理 / 病理体系或过程的比较蛋白质组学研究；③蛋白质组学支撑技术平台和生物信息学的研究。

国外大部分蛋白质组表达谱的研究论文发表于 2000 年下半年以后，且大多建立在已完成基因表达谱的基础上，表明目前在基因组或转录组基础上开展蛋白质组表达谱的研究是一个新的方向。人类重大疾病的蛋白质组研究通常采用比较蛋白质组分析方法。近年来，蛋白质组学技术在研究细胞的增殖、分化、异常转化、肿瘤形成等方面进行了有力的探索，涉及到白血病、乳癌、结肠癌、膀胱癌、前列腺癌、肺癌、肾癌和成神经细胞瘤等，鉴定了一批肿瘤相关蛋白，为肿瘤的早期诊断、药靶的发现、疗效判断和预后提供了重要依据。高通量、高灵敏度和规模化的双向凝胶电泳—质谱，是目前最流行和较可靠的技术平台；酵母双杂交技术已被用于研究蛋白质连锁群和蛋白质功能网络系统，且分别发表于《自然》与《科学》。生物信息学方法在蛋白质组学研究领域亦得到有效的利用，其中突出的代表是 Eisenberg 等联合采用系统发育分布图法、Rosetta stone 法和基因邻居法，成功地建立了酵母 SIR（沉默信息调节子）作用网络和酵母朊病毒（prion）功能连锁网络。

（二）存在的问题和发展趋势

方法学上，二维凝胶电泳—质谱虽然仍是目前最流行和较可靠的技术平台，但其通量、灵敏度和规模化均有待进一步加强。二维凝胶电泳有分离容量的先天限制，染色转移等环节操作困难费时，低丰度蛋白难以辨别，和质谱技术的联用已成为瓶颈。因此国际上开始重视研究以色谱 / 电泳—质谱为主的技术平台。另一方面，酵母双杂交技术虽已被用于研究蛋白质连锁群和蛋白质功能网络系统，但仍缺乏快速、高效的手段获取复杂蛋白质相互作用的多维信息。蛋白质组的生物信息学研究，虽然已有成功的先例，但其应用范围与准确率仍需提高，所面临的更大挑战是如何进行信息综合，准确分析蛋白质的相互作用，界定相互作用连锁群。

学术上，在基因组、转录组基础上的蛋白质组全谱研究微生物已有成功的报道，但是在高等生物尤其是哺乳动物中未见报道，人类组织或细胞的蛋白质组全谱研究则基本未涉及。而由于物种演化中进化上的差别，人类基因组、转录组、蛋白质组的全景式比较，对于不同层次人类基因表达调控规律的认识必不可少；此外，人类基因组序列草图虽已公布，但是所估计的 3.5 万左右基因中一半左右纯属理论推测，需要从蛋白质组水平予以检验与确认，因此开展人类组织或细胞的蛋白质组表达谱的分析势在必行。

受基因调控的细胞内各种信号转导途径之间是相互交错和彼此关联的。虽然近年来人们对转导途径以及相互关系的认识取得了不少进展，但是针对任一生物体或组织/细胞开展全方位的蛋白质组相互作用网络的分析鲜有报道。而此类相互作用网络的揭示对于深刻认识重要生理、病理过程的机制不可缺少。

（三）国内研究现状

在 1995 年国际上发表第一篇蛋白质组学的研究论文后不久，国家自然科学基金委员会即酝酿并于 1997 年设立了重大项目"蛋白质组学技术体系的建立"。在此前后，中国科学院生物化学研究所、军事医学科学院与湖南师范大学迅速启动了蛋白质组研究，建立并分别组合了二维电泳蛋白质组分离技术、2D—PAGE 图像分析技术和蛋白质鉴定的质谱技术；先后举办了多次全国性的蛋白质组学术研讨会，并在国际上较早提出了功能蛋白质组学的研究战略。

经过几年努力，中国科学院上海生命科学研究院、军事医学科学院与复旦大学相继成立了专门的蛋白质组学研究中心。整体上，我国蛋白质组学技术平台的建设有了飞跃的发展，若干研究单位重点建立了技术平台，并在方法学的跟踪与创新上作了不少工作，部分技术平台基本达到国际水平。我国科学家已经在蛋白质组分析技术与方法、在重大疾病如肝癌、维甲酸诱导白血病细胞凋亡启动模型及维甲酸定向诱导胚胎干细胞向神经系统分化的模型等的比较蛋白质组研究以及一些重要生理和病理体系的蛋白质组成分研究方面获得了不少成绩，并在国际蛋白质组学核心刊物上发表了一系列高水平的论文。对不断涌现的新技术，如衍生出的多种分离和鉴定模式，我国已经进行了很好的跟踪和发展，在某些方面孕育着新的突破。

总之。我国的"疾病基因组学"研究已取得明显的成就，在神经系统遗传病致病基因，肝癌、心血管疾病、白血病等相关基因，造血干/祖细胞、下丘脑－垂体－肾上腺轴系统、海马体、胎肝、心血管和神经系统等组织或细胞的基因表达谱（即转录组）方面均做出了与国际前沿水平相当的工作，且有我国的特色与优势。所取得的丰富数据可直接成为我国开展对应蛋白质组学研究的基础与出发点。我国在重大疾病的功能蛋白质组学研究方面也取得了良好的起步，已进行肝癌细胞系及正常肝细胞蛋白质组的比较分析研究，发现了两者间不同的蛋白表达群；此外，还进行了我国自行建立的肝癌高/低转移细胞系、肺癌高/低转移细胞系、原位食管癌/转移食管癌间的比较蛋白质组研究，初步发现了一批与肿瘤转移相关的蛋白质群。同时，心肌细胞与应激损伤的心肌细胞的比较蛋白质组研究也已有一定的基础。

上述研究，一方面证明我国已有的蛋白质组学技术平台已能支撑一定规模的研究，一方面亦为我国在国际蛋白质组学研究领域争得了一席之地，同时为未来的发展奠定了良好的基础。国家与企业如能加大投人，前景会一片光明。

大发现时代的"生命组学"[1]

自然科学是发现的艺术，发现是自然科学的基石。发现，基于人类对已知世界的认识和对未知领域的探索，既需要扎实的积累，又需要天才的思想。纵观自然科学史，我们常常可以看到"厚积薄发"的现象：当人类对某个领域的认知积累到一定程度时，必然会出现一个甚至数个划破历史长空的科学大家，应承时代的召唤，指引纪元的更替，他（们）促使重大发现蜂拥而至、喷薄而出，并汇聚成滚滚洪流、冲破已有理论信条的桎梏，将该领域的理性认识革命性地推上全新的高度，使一个或多个相关学科呈现爆发式成长、脱胎换骨、乃至革命性突变，如此该学科可谓进入了"大发现时代"。随着分子生物学五十余年的突飞猛进，尤其是生命组学等领域近二十年的日新月异，当代生命科学即将临近爆发的边缘，而最终"点燃"此次爆发的极大可能就是"生命组学"（基因组学、RNA 组学、蛋白质组学等组学的集合）。

1《中国科学·生命科学》，43（1）：1-15，2013

刍议时代

一、自然科学史上的若干"大发现时代"

人们对于自然科学的了解和学习大多从数学开始，近代科学正是在追寻自然界的数学规律中取得长足进步的，许多重大突破，都是基于数学的发展。古希腊毕达哥拉斯学派的突出贡献，开启了自然科学的第一个大发现时代。该学派最早证明了勾股定理，提出了奇数、偶数、质数、亲和数、完全数等概念，他们发现：算术的本质是"绝对的不连续量"，音乐的本质是"相对的不连续量"，几何的本质是"静止的连续量"，天文学的本质是"运动的连续量"。在此基础上，该学派提出"数即万物"学说。在此学派"数本主义"哲学的影响下，柏拉图甚至在学院门前立下牌匾："不懂数学者不得入内"。在他看来，数学是通向理念世界的必备工具。数学的发展，奠定了以后各学科"大发现"的基石。

地理学的"大发现时代"爆发于短短的40年，却影响了世界数百年的格局。15、16世纪之交，以地球说为理论指导，借助于指南针和罗盘的发明，地球上不为文明世界所知的地域和航线不断被发现。1485年，哥伦布发现北美大陆；1497年，达·迦马发现印度洋和印度；1498年，哥伦布又发现南美大陆；1519年，麦哲伦发现南美大陆最南端海峡，从而找到大西洋直达太平洋的通路；1521年，麦哲伦通过此海峡发现了太平洋，从此开启了西方和现代文明的新篇章。地理学大发现所引起的观念革命与它所带来的经济后果一样巨大，它大大突破了亚里士多德和托勒密的知识范畴与视野，促使欧洲的知识阶层能从近两千年来古典大家的绝对权威与教条中解放出来，从顶礼膜拜中猛醒、昂起头、睁开眼，为近代科学革命开启了批判的理性天窗和革新的精神动力。

现代化学的创立时期也有一段突飞猛进的辉煌。18世纪关于气体的大发现、元素的大发现催生了化学革命。1756年布莱克发现二氧化碳，1760年丹尼尔·卢瑟福发现氮气，1766年卡文迪许发现氢气，1774年普利斯特发现氧气。这些气体的发现，使拉瓦锡于1789年把燃烧定义为一个更科学的表述：氧化，推翻了统治化学界上千年的燃素说，奠定了现代化学的科学基础。继而在大量科学研究的基础上，拉瓦锡写出了划时代的《化学纲要》，提出了元素学说，开创了化学的新纪元，并将此后的数十年带入化学元素大发现的时代，存在于宇宙亿万年的上百种元素一半以上在此历史瞬间被发现（附表1）！这无疑是科学的辉煌、人类的荣耀！1869年，门捷列夫就是在以上发现的63种元素及其性质描述的基础上，发现了元素性质与元素的原子量之间存在周期性的变化规律，并发表了第一张元素周期表，使得元素周期律作为化学世界第一个伟大定律永远载入了史册。由此不难看出，化学的大发现同样源于厚积薄发、成于学科革命。

上述几个大发现时代均处于学科的奠基阶段。人们不禁要问：学科成熟后，是否还可能再有大发现时代呢？答案是肯定的，天文学、物理学即是很好的例证。

自然科学史上，天文学与数学一样是古老而成熟的学科，引领了启蒙时期的科学发展。在16、17世纪之交，以革命性的日心说为理论指南，凭借望远镜技术支撑，出现了天文学史上新的大发现时代。1572年，仙后座一颗新星爆发，第谷在其出现至消失于视野的16个月里进行了详细观测，以翔实的观测数据证明了它的前所未见，并创造了"新星"（nova）一词。1577年，第谷依据对一颗明亮彗星连续74天的观测记录，得出彗星是地球外绕日运行天体的结论，纠正了当时认为彗星是大气层内现象的错误认识。1576年，第谷在丹麦国王腓特烈二世资助下，在汶岛建立了当时最华丽的天文台，21年如一日地观测恒星、行星、太阳、月亮的运动，积累了大量观测数据，并编制了包括1000余颗恒星的第一份完整近代星表。被誉为"星学之王"的第谷，凭借鹰鹫一般的锐眼，将观测天文学演绎的登峰造极，其观测精度之高，同时代人望尘莫及。1600年，第谷慧眼识中开普勒，为其无私提供了自己经年积累的天象观测数据。开普勒在这些珍贵资料的基础上，力求"拨云见日"、苦寻宇宙秩序，很快发现了开普勒第一、第二定律，并将两大定律推广到太阳系所有行星。此后不久，开普勒又发现了第三定律即周期定律，并利用这三大定律将所有的行星运动与太阳紧密地联系于一体，从而使得哥白尼的日心说由悬空的假说落地为有实证依据的理论体系、由"感性的天空"降落"理性的大地"。太阳系的众多行星按照开普勒定律有条不紊地遨游太空，开普勒因而被称为"天空立法者"。他的墓志铭令人沉思："我曾测天高，今欲量地深；思想遨游天际，肉体长眠大地。"可以说，正是基于第谷大量的精确观测、实验发现，开普勒才首次实现了对天体世界运动规律的高度理论概括，开启了科学理性照亮浩瀚宇宙的探照巨灯。由此看出，成熟的天文学一旦接受革命性假说的理论指导，可以再度进入实验的大发现时代，而其间的系列大发现又反过来实证并确立其革命性理论与学说。

无独有偶，17世纪初又诞生了一位同开普勒一样功勋卓著的物理学家——伽利略。他被公认为是近代科学之父，近代实验科学精神的创造者。他于1604年先后发现了运动的第一（匀速）、第二（匀加速）定律；1609年，他借助自己创制的天文望远镜观测天体，发现了月球表面的凹凸不平，并亲手绘制了第一幅月面图，从而使人们对于月球的认识由想象上升为科学和理性可及的实体。在此基础上，伽利略又发现了木星的四颗卫星，为哥白尼学说找到了确凿的证据，标志着哥白尼学说开始从解释存在到走向预见的胜利。两年后，伽利略相继发现了太阳黑子、太阳的自转、金星和水星的盈亏现象等等。这一系列的重大发现再一次开辟了天文学的新时代。他通过观测，形成了实验测量与理论分析良性互动、交相映辉的相结合研究模式，并留世了"测量一切可测之物，并变不可测者为可测"的不朽名言，激励着后来所有实验科学的探索者。在实验科学的雄厚基础上，逐步树立起了理论物理学的灯塔；而在理论物理学灯塔的指引下，人类对于物质世界的洞悉步入海阔天空的境地。

开普勒、伽利略等的系列大发现，迅即催生了牛顿的集大成时代。在数学上，他发明了二项式定理及微积分；在天文学上，他发现了万有引力定律，开辟了天文学的新纪元；在物理学方面，他系统总结了三大运动定律，统一了开普勒、伽利略运动定律；在光学中，他发现了太阳光的光谱，发明了反射式望远镜。在取得这 系列伟大成就之后，牛顿于1686年发表盖世巨著《自然哲学的数学原埋》，最终统一了他关于动力学和引力问题的系列重大发现，创造了完整的新物理学体系。正如牛顿勋爵自己所言：如果我比别人看得远些，那是因为我站在巨人的肩膀上。人们常将此看作谦虚之词，但认真回顾其理论的形成过程，可以看出它确非空穴来风。只因有了第谷系统精确的观测数据，开普勒才能从中归纳出行星的运动规律；因为伽利略的大量实验研究，他才能发现运动第一、第二定律；随后在与天文学相关规律、物理学相关定律整合、统一的基础上，才有了牛顿力学理论的集大成。所以说牛顿确实是站在第谷、开普勒、伽利略等巨人的肩膀上，才建立起如此盖世之功！而这些巨人的产生，则是基于大量的观测、实验数据的积累和规律的发现。

19世纪末，牛顿力学统一了声学、光学、电磁学和热学，"万能"的牛顿定律支配着小到超显微粒子、大到宇宙天体的整个物质世界，物理学似乎已没有继续发展的空间。然而，"美丽而晴朗的天空上仍笼罩着两朵乌云"。正是迈克耳逊－莫雷实验和黑体辐射实验这两个"灾难性"的发现，使相对论、量子论取代牛顿力学成为物质世界更普适的理论，人类物质生活也发生了翻天覆地的改变。因此也出现了一种新的"科学研究模式"——这就是"假设驱动"的研究模式，以区别于传统的"发现驱动"研究模式。是否任何一个理论上的创见都是源于假设？实际上不尽其然。纵使理论性高的学科，无论是天文学，还是物理学，理论或源于观测，或终于观测。而这些观测，有些是在假设的引领之下，有些则完全没有理论的指引。如前所述，在地球说和日心说的引领下所产生的地理学和天文学的大发现，源于假设驱动、终于假说证实。然而开普勒三大定律和伽利略两大定律的发现，是没有假设前提的，纯粹是基于大量的科学观测和海量的数据归纳，它们往往导致"意外的"、原创性、原理性的重大发现。即使是大多数情况下只能进行思维实验的相对论，其最基本的假设也是基于迈克耳逊－莫雷实验的结果。

事实上,假设驱动与发现驱动对于现代科技的起源与发展同等重要。先行者伽利略的至理名言"测量一切可测之物,并变不可测者为可测"应当成为现代科学、尤其是实验性科学的基本遵循。

综上,我们不难产生这样的断想:只有厚积,才能薄发;学说牵引、技术推动,共同驱动大发现;没有大发现,难成"大革命";"大发现"必至"集大成"。

二、生命科学史上的大发现时代

近代以来,生命科学是一个不断出现大发现时代的古老而青春焕发的学科;因而整体上可以说,生命科学的大发现时代从 500 多年前持续至今,凤凰涅槃、浴火重生。

16 ~ 17 世纪,近代生命科学肇始于生物学"大发现"。1543 年,以维萨留斯为代表的解剖学家们通过对动物、人体的解剖,从整体的角度对人体结构有了充分的认识。维萨留斯出版的伟大著作《论人体结构》,系统总结了多年来他对解剖学的系列重大发现,包括:骨骼、肌肉、血液、神经、消化、内脏六系统与脑感觉器官,它们的发现是科学战胜"千年黑暗与愚昧"中盖伦神威、基督神权的伟大胜利!因而丝毫不逊于人体这一"太阳系"中七大行星的发现。《论人体结构》不仅构成了现代生命科学的开篇,同时也奠定了现代医学的基石。1616 年,哈维发现心脏的结构与功能,建立血液循环理论。17 世纪 60 年代,马尔比基发现"有机体越低级,呼吸器官比例就越大"。1665 年,胡克发表《显微图》,发现并命名"细胞(cell)"。生命科学从此进入微观世界! 1683 年,列文虎克借助显微镜发现比原生虫小得多的细菌,于 1688 年又发现红细胞。不难看出,微观生物学上的这些大发现不仅打开了认识生命微观世界的"天眼",而且开创了"以微释著"的新型科学认识论模式!

17 世纪,还是生物物种的大发现时代。在公元前 335 年的亚里士多德时代,经过科学研究和精确描述的动物已有 500 多种,亚里士多德首创"动物"一词,并创作了第一本动物学的名著，其学说主宰学界上千年。历经两千年，时钟指向 1600 年，有科学记载的植物约 6 000 种；而后，仅仅在 17 世纪的一百年中，植物学家新发现物种 12 000 个，是前两千年发现总数的两倍！同时期，动物新物种的发现也经历了同等规模的"井喷"。因此，毋庸置疑，17 世纪，是生物物种的大发现时代。

正是因为大量新物种的发现，使得建立一个逻辑自洽的理性物种分类系统的需求变得极为迫切。1735 年，林奈出版《自然系统》，首先提出以植物的性器官进行分类的方法。虽然他主观上抗拒进化思想，但其建立的分类体系客观上推动了进化思想的成长。1749 ~ 1788 年，布丰出版鸿篇巨著《自然史》，提出自然界演化图景即物种可能具有共同祖先的观点，成为近代第一个以科学精神对待物种起源问题的学者。1785 年，赫顿发表生物化石的火成论思想，使得化石纳入了科学研究的范畴，成为了生物体系建立的重要依据，尤其是文明史前发生、现存生物界缺如的断代、断链性证据。1801 年，拉马克出版《无脊椎动物的分类系统》，首次提出生物进化的思想。1809 年，拉马克出版《动物哲学》，系统阐发了拉马克主义的进化理论，并引进"生物学"（biology）一词。1831 年，达尔文以博物学家的身份开始历时 5 年的环球科学考察，在动植物和地质方面进行了大量标本的分析和采集，经过综合归纳，形成了生物进化的概念。又经过 20 余年的大量研究，终于 1859 年，达尔文发表了《物种起源》，从而使萌发了近一个世纪的进化思想，终于成为宏大而有说服力的革命性进化理论。可以说，没有物种的大发现、没有达尔文环球之旅的大发现，就没有永载科学史册、文明史册的进化论！

19 世纪细胞学说的问世标志着生命科学第一次在微观层面的系统大发现结下了革命性理论的硕果，同时还孕生了现代医学的革命性研究模式——实验医学。1831 年，植物学家布朗发现细胞核。1838 年，施莱登发表《植物发生论》，指出"无论怎样复杂的植物体均由细胞组成"，细胞作为植物体生命的一部分维持着整个植物体的生命。1839 年，施旺发表"动植物结构和生长的相似性的显微研究"的论文，指出"一切动物组织，均由细胞组成"，同时推倒了分割动植物界的巨大屏障，建立生物学中统一的细胞学说。1855 年，微耳和发表《细胞病理学》，指出"一切细胞来自细胞"、"所有疾病都只不过是改变了的生命现象"。1875 年，斯特拉斯伯格出版《细胞组成与细胞分裂》，指出"一切细胞均由已存在细胞的均等分裂而成"，"细胞核的分裂先于细胞分裂"。细胞学说从此不再是假说，进而迅速在生命科学中显示出强大的理论指引性威力。

随着显微镜技术的日渐成熟，19 世纪下半叶，生命科学又迎来了微生物的大发现时代（附表 2），成就了生命科学史上几近可与进化论相媲美、现代医学史上引发第一次革命的微生物学的辉煌。1856 年，巴斯德指出"所有的发酵都是由微生物引起"。1859 年，巴斯德推翻"自然发生论"。1860—1880 年，巴斯德以工业上酒发酸、农业上丝蚕病、医学上传染病等系列惊世难题的成功处置，奠定"疾病病菌说"至高无上的显赫地位。1870—1890 年，科赫在细菌学原理和技术方面（纯培养法、染色法）做出开创性工作，提出"每种传染病都有特定的病原菌"并予以系列确证，确立"科赫准则"，即某一种微生物要确定为病原体，需符合以下四点：必须在所有病人身上发现病原体；必须从病人身上分离并培养出病原体；培养出的病原体接种动物，使其出现与病人相同的症状；从出现症状的动物体内能分离培养出同一种病原体。科赫准则即使在 100 多年后的今天仍是我们必须遵循的铁则与金标准。1890 年，梅切尼科夫发现吞噬细胞与吞噬过程，提出感染机理的细胞理论。1890 年，贝林发现对付白喉和破伤风的抗毒素，提出体液免疫理论。短短半个世纪里，在微生物大发现基础上建立的微生物学，不仅为生物万千世界在传统、直观意义上的动物界、植物界的基础上，打开了其种类、其作用丝毫不亚于前两界的微生物界，而且使人类的理性之光让蔓延并横行人间数千年的"瘟疫"、"瘴气"从黑暗与愚昧中现形！并迅即为现代医学的第二次革命——抗生素革命开启大门！

20 世纪被称为基因的世纪，"基因"几乎主宰了 20 世纪生命科学的神话。1900 年，德佛里斯、科林斯、切马克各自独立重现孟德尔遗传定律。1910 ~ 1930 年，摩尔根发现基因连锁定律，绘制第一个染色体的基因连锁图（果蝇），出版了《遗传的物质基础》与《基因论》，建立了完整的基因遗传理论体系。1928 年，格里菲斯发现肺炎双球菌转化因子，艾弗里于 1944 年用生化方法证实其为 DNA。1951 年，德尔布吕克用不容置疑的同位素标记方法证明噬菌体的遗传物质为 DNA。1952 年，查伽夫发现 DNA 碱基组成定律（ A=T,G=C ）。1950 年，阿斯特伯里、富兰克林、威尔金斯做出 DNA 的 X 射线衍射图，提示其结构极有可能是右手双螺旋。沃森和克里克综合上述发现，随即于 1953 年提出了 DNA 双螺旋模型，并指出：碱基特异性配对可能是遗传物质复制的基础，碱基排列顺序可能就是携带遗传信息的密码。这些革命性猜想是 DNA 双螺旋模型的精要所在，一经提出，迅即掀起了生物科学史上最惊心动魄、人类文明史上最波澜壮阔的、划时代的分子生物学的兴起！它揭示了万古遗传之谜及其遗传密码！揭示了统一万千生命世界的中心法则！产生了比"创世上帝"更伟大的基因工程！这段历史进程，毫无疑问，是生命科学领域一个典型的大发现时代。

1956 年，科恩伯格分离纯化 DNA 合成酶。1957 年，他与奥乔亚人工合成 DNA 与 RNA，对于解析遗传密码起到核心支柱作用。1958 年，同一实验室的桑格测定牛胰岛素氨基酸序列，肯德鲁测定肌红蛋白立体结构，克里克发表"论蛋白质的合成"并提出"连接物假说"、论述核酸中碱基顺序与蛋白质中氨基酸顺序的线性对应逻辑并详述"中心法则"（从 DNA 到 RNA 到蛋白质）。1961 年，雅克比、莫诺提出 mRNA 和"操纵子"概念，阐明其在遗传信息传递、蛋白质合成中的调节机制。1961 ~ 1966 年，尼伦伯格、霍拉纳、霍利破译遗传密码表。1970 年，特明、达尔贝克、巴尔的摩发现 RNA 逆转录，修订中心法则，标志分子生物学完整建立。

上世纪 70 年代以后，分子生物学挥舞还原论的神剑，不断演绎基因的神奇，几近无以复加、出神入化的境界。1968 年、1970 年，阿尔伯和史密斯分别发现两种"工具酶"，能对 DNA 剪切、连接。1970 年，内森斯用之实现 DNA 体外切割。1971 年，伯格运用"工具酶"实现不同种属基因重组。1975 年，毕晓普等首次发现癌基因 src。1976 年，简悦威报告首例单基因遗传疾病的基因诊断。1977 年，桑格建立 DNA 顺序分析法并完成 φχ174 噬菌体 DNA 全序列测定。1978 年、1981 年，奥尔特曼／切赫发现 RNA 自身具有酶的生物催化作用。1979 年，高德尔用基因工程生产人胰岛素。1982 年，帕米特和布润斯特获超级转基因小白鼠（生长激素）。1985 年，穆利斯发明 PCR 技术，实现了神话般的基因体外扩增。我们可以看到，基因全序列测定、基因重组、基因诊断、基因工程、基因转移、基因扩增，由此构成了新一轮的"基因神话"。

从上可见，在当代生命科学史上，确实存在诸多连续或彼此重叠的"不可思议"的大发现时代。而每一阶段，均有一位或几位高瞻远瞩、扭转乾坤、"开天辟地"的旗手性科学大师，高擎革命的火炬，划破黑暗的长空，指引前进的方向。

三、"组学"引领新的大发现时代

生命体，是迄今已知最为复杂的物质系统。以人体为例，从还原论的角度看，当我们的目光从器官、组织深入到细胞、分子时，每前进一步，都意味着研究对像细分为几十个乃至上万个子集，其相互之间的联系更是呈指数增长；而从系统论的角度看，不仅要看到内部多层次动态变化的"生物人"，还要看到复杂理化因素作用下的"环境人"、与上亿个微生物共生的"生态人"、受众多社会心理因素影响的"社会人"。对生命的认知就像芝诺的圆，圆里已知的东西越多，探索中接触的未知谜题反而也越多。瑰丽的生命画卷，在常人眼里，是波澜壮阔，是诗情画意，但到了科学家的显微镜下，则成为深浅不一的像素、色彩斑斓的线条和浓墨重彩的色块。在生命科学新的大发现时代，更令科学家们困扰的，是如何将单调的点、线、面、体再现为艺术的巨幅画卷，既不是东方形式的"盲人摸象"，也不是西方模式的"阿尔钦博托（Giuseppe Arcimboldo）肖像"（附图）。系列生命"组学"就像俄罗斯套娃，为探索生命奥秘提供了一套神奇的"魔镜"：还原论上"全元素洞幽的放大镜"，穷尽生命系统全部构成元件——各类生物大分子全组成及其调控规律，因此将"还原"进行到"底"、到"边"，散之为"理"，是为"太"；整体论上"巨系统揽胜的望远镜"，汇融万千元素为一体、为系统，化平实为神奇，点无机成有机并生机的"魔幻大师"，因

此将整合升华到"际"、到"巅"，统之为"道"，是为"极"。始于"组"，终于"分"，即是"还原"；始于"分"，终于"组"，即是"整合"。基因组学、RNA 组学、蛋白质组学、代谢组学，等等，概莫能外。因此，生命组学独特、独到的认识论、方法论，使其一经问世即迅速成为启动并主导生命科学再度迈入大发现时代并直奔新世纪自然科学"盟主"的引擎、利器。

组学的发展引领了 20 世纪末至今的生命科学大发现。"碱基的排列顺序就是携带遗传信息的密码"，1953 年，沃森和克里克在提出 DNA 双螺旋结构后又续写了另一空谷绝唱。1958 年，其同一实验室的弗雷德里克·桑格建立蛋白质氨基酸序列测定方法；70 年代梅开二度，又建立 DNA 序列分析方法，并因此两度诺奖折桂。"序列之王"桑格的卓越成就，使读写基因的信息不再是空想。序列成为对生命的新认知，人类两大先锋科技——生物科技与信息科技——通过序列实现历史性会师！ 1986 年第一代基于荧光测序技术的 DNA 自动测序仪诞生，26 年来 DNA 测序能力呈指数增长，当前的日数据产出量已达 Gb 级，比肩计算机芯片发展的"摩尔定律"。以色谱－质谱为代表的蛋白质大规模测序技术发展之势同样不可小觑，在生物质谱技术获得诺贝尔奖的 2002 年，一个

样本可鉴定到的蛋白质尚不过几百种，而现今生物质谱一次运行可鉴定到的蛋白质竟多达数千，总数直逼转录组。大规模自动测序技术破茧而出，似巨龙振翅高翔，生命"组学"洞开生命大发现之巨门。

第一代 DNA 自动测序仪诞生后仅 4 年，美国政府正式启动"人类基因组计划"，随后德、日、英、法和中国相继加盟。计划拟定之初，已知的 DNA 序列仅有区区数十万级碱基对，而 10 年弹指间，人类不仅豪迈地完成了人类基因组 30 亿碱基对的第一次完整测序，还成功实现了酵母、大肠杆菌、结核分枝杆菌、梅毒螺旋体、线虫、果蝇、拟南芥、水稻、小鼠、疟原虫、按蚊等一批重要病原体和模式生物的基因组测序。该计划的实施还积极推动了一系列后续研究计划的诞生，如 2002 年启动的"国际人类基因组单体型图计划"、2008 年启动的"国际千人基因组计划"、2009 年启动的"万种微生物基因组计划"、2010 年启动的"千种动植物基因组计划""万种脊椎动物基因组计划"。在人类基因组草图完成后 10 年的时间内（到 2011 年 10 月），1200 多种生物的基因组已获解析。截止 2012 年 6 月 14 日，NCBI 的基因组数据达到 2.08Pb（$1Pb=10^{15}b$），与计划前比增加了十亿个量级，其中中国科学家的贡献超过 0.64Pb，占 30% 以上！其中，基因组学的突出贡献可概括为以下三个方面：一是遗传信息的大发现。尽管目前只能解读其中部分，但基因组测序使阅读亿万年生命进化中亘古积累、造化"神就"的奥秘成为可能，仅此意义就不亚于燧人取火，点亮文明之光！掌握上千个物种的遗传信息（生命蓝图）固然可喜，然而这不过是冰山一角，未来不仅在物种数量上会有更多突破，而且将通过整体乃至单个细胞的基因组、转录组测序实现更为丰富的基因组构成规律、调控规律的大发现，从而为合成生命、创造生命提供指南。二是基因功能的大发现。人类基因组计划初步确认人类拥有 2 万余个蛋白质编码基因，而此前一个世纪人类仅发现其基因总数的零头；它们的系统确认掀开了人类基因组神秘的面纱与头盖，掀起了人类转录组、蛋白质组、比较基因组、模式动物表型组等组学研究的"狂潮"，人们对基因功能的大规模发现远超日新月异，可谓"业内一日、史间百年"。更有甚者，人类基因组中由于编码蛋白质的基因序列不到总序列的 3%，因而在物理世界发现暗物质、暗能量之后，在生命世界可能首度革命性地开启了"暗信息"——这一人类理性发现的"最新大陆"！过去的 20 年里，DNA 测序能力的迅猛增长和测序费用的急剧下降，使得"旧时王谢堂前燕"的 DNA 测序技术"飞入寻常百姓家"，成为生物学研究，甚至临床诊断的常用工具。三是致病基因的大发现。以诞生不到 10 年的全基因组关联分析为例，目前已完成 700 余种疾病和性状研究，新发现了 5000 余种致病基因和重要性状基因，其产出 10 倍于此前 100 年的发现，大发现时代的突出特征由此可见一斑；我国此领域虽然起步较晚，但建树也是可圈可点（附表 3）。如此辉煌成就足以证明沃森 10 年前那句豪情万丈的预言："未来所有生物学只有以基因组开始才有希望发展！"

基因组测序的完成只是欲来山雨的"满楼风"，而这部天书的解读则需要拨云见日、再造乾坤。就在人类基因组草图公布的同月，人类蛋白质组组织（HUPO）宣告成立；次年，人类蛋白质组计划（HPP）即宣布启动。鉴于蛋白质组的组分种类多（至少百倍于基因数）、丰度跨度大、翻译后修饰形式广、时空特异性繁复、组分间的网络性等特点，人类蛋白质组计划先期启动了一系列示范计划：于 2002 年首批启动肝脏、血浆蛋白质组分计划；之后又陆续启动脑、肾脏和尿液、心血管等器官 / 组织蛋白质组分计划；以及数据分析标准化、抗体、生物标志物等支撑分计划（附表 4）。2005 年，"人类血浆蛋白质组计划"发布了 3020 种蛋白质的核心数据集，这是首个被鉴定的人体体液蛋白质组；2010 年，"人类肝脏蛋白质组计划"精确鉴定出 6788 种蛋白质，这是首个被鉴定的人体器官蛋白质组，其中半数以上为在人类肝脏中首次发现，约 1/4 是首次在蛋白质层次被发现，经典代谢通路数以千计的所有成员悉数发现，因此构成了名副其实的"大发现"；中国科学家领衔"人类肝脏蛋白质组计划"也显著推进了我国的蛋白质组学研究。2009 年，中国科学家通过通量化的蛋白质研究和不同物种的代谢通路研究，发现了 1000 余个乙酰化蛋白质，而此前仅在人肝细胞中发现 76 个乙酰化蛋白质，尤其重要的是，该研究首次发现乙酰化修饰对代谢的广泛调控，撼动了对代谢调控的经典认识，可谓"一石击破水中天"！2012 年，中国科学家选取大肠杆菌、酵母、线虫、果蝇、小鼠及人类为研究对象，通过对海量规模化定量蛋白质组数据的分析，发现了蛋白质丰度整体分布的三个普适性规律：丰度与其起源时间和序列保守性呈正相关的进化律；丰度与其结构域数目呈负相关、与覆盖度呈正相关的结构律；参与"基础物质流"的蛋白质丰度高于调控"精细信息流"的蛋白质的功能律。蛋白质丰度分布规律的发现指明了一条点石成金的大道，海量的组学数据将成为生命规律发现的"金矿"！此外，其他器官／组织分计划也发布了 1000 ~ 3000 余种蛋白质构成的数据集。近年来随着生物质谱的鉴定能力和生物信息分析能力迅猛提升，在细胞系样本中已可鉴定 7000 ~ 9000 种蛋白质，覆盖基因表达产物的 60% ~ 90%，实现对人类基因编码蛋白的全部覆盖已可期待！蛋白质相互作用图研究也取得惊人进展。2005 年，德国和美国的两研究小组分别发布了包括 3169 对和 2754 对人类蛋白质组相互作用的图谱；2011 年，中国科学家发布了人类肝脏蛋白质相互作用图谱，包括 2582 种肝脏蛋白质之间的 3484 种高可信度相互作用。上述三项研究中重复的相互作用仅有 54 对，提示每一个大规模的蛋白质相互作用图谱的建立均会导致 90% 以上未知相互作用的规模化发现，因而称得上名副其实的"大发现"。2011 年，对人类内源蛋白质复合体的研究已涵盖 11 000 余种基因表达产物，约占基因组表达产物的 50%。除此之外，蛋白质组支撑分计划同样成绩斐然。2011 年，人类抗体计划发布的第 7 版数据库已覆盖 10 118 个编码基因产物；2009 年，美国科学家 Daniel W. Chan 团队发现的 OVA1 及其标志物群成为第一个被 FDA 批准的源于蛋白质组研究的肿瘤生物标志物。这一划时代的事件，标志着蛋白质组学不仅可有大量发现，而且表明其发现可直接用于临床！

基因组学和蛋白质组学是生命组学中领异标新的二月花，近年来其他组学也已风生水起，可谓春色满园。在人类基因组计划完成后，人们发现仅有 2% 左右的序列编码蛋白质；大量的非编码序列转录产生的非编码 RNA 中，仅有 1/4 左右是传统的 tRNA 和 rRNA，snRNA，snoRNA、shRNA 和 microRNA、长链非编码 RNA 等已知功能的非编码 RNA 在染色质重构、转录调控、翻译调控等方面发挥着重要作用，影响着生物体的发育、细胞增殖分化，与肿瘤、代谢性疾病、病毒性疾病等发生发展相关联。2000 年"RNA 组学"概念问世，仅 5 年后被发现的哺乳动物非编码 RNA 就达 35 000 余种。非编码 RNA 对于 DNA、mRNA、蛋白质的调控作用以及非编码 RNA 之间的相互调控引起了广泛关注；RNAi 现象发现仅 8 年就获得 2006 年度诺贝尔生理学与医学奖，这在诺贝尔奖历史上实属罕见。无独有偶，系统研究组织、细胞全部寡糖或聚糖的结构、糖链结构其宏观和微观的不均一性、糖链与糖识别分子的相互作用与其功能的"糖组学"，以及整体定量描述生物内源性代谢物质及其对内外因应答规律的"代谢组学"等，最近 10 年均取得长足发展，在大发现时代的生命科学中发挥了生力军作用。

"忽如一夜春风来，千树万树梨花开。"众多"组学"的蓬勃兴起，既各领风骚，又纵横捭阖。2005 年人类蛋白质组计划启动的人类疾病糖组学分计划，推动了蛋白质组学与糖组学的聚首。2011 年形成的国际 C-HPP 联盟，以蛋白质组技术鉴定每条染色体上编码的所有基因产物，更是促成了人类蛋白质组计划与人类基因组计划的会师。天地不仁，以万物为刍狗；生命不仁，以纵"组"为刍狗。综上可见，整合基因组、RNA 组、蛋白质组、糖组、代谢组等多种组学的生命组学"大成"研究模式已现端倪，前程未可限量！

回首自然科学尤其是生命科学史上"大发现时代"的兴盛历程以及最近以来组学的勃兴进程，我们可以把"大发现时代"形象地比作"核聚变"——原子核聚合并瞬间释放出巨能。"核聚变"的发生前提是原子核必须瞬间达到超高温，才能突破巨大的能垒从而发生聚合，因此核聚变必需靠核裂变来点燃，即俗话所说的"氢弹靠原子弹点燃"！切实，科学史上常常靠思想或／和技术的重大突破，甚至双重利器，才能撬开新世界的大门、打通新大陆的道路，从而使人类的理性、科学的光茫似秋风扫叶、长驱直入，在历史的瞬间照遍新世界、覆盖新大陆！进入"大发现时代"！

以人类基因组计划发端的生命组学开创了生命科学全新的"大科学、大工程"研究模式。这种模式人类仅用过两次，均在精确科学领域：一次是核物理学中的曼哈顿原子弹研制计划，科学不仅大开微观世界之门，而且放出人类有文字记载以来所有最伟大的神话、最伟大的预言都远未企及的巨大核能！一次是天文学中的阿波罗登月计划，人类不仅终于走出地球——孕育并繁衍我们的摇篮，而且变宇宙天堑为人间通途，漫步太空、走向银河，"阿波罗"作为光明之注照亮了浩瀚的深空——人类未来的远征天路！

万物有生则机，生物世界是物质世界演进之极；万生有命则灵，生命活动是物质运动玄妙之致。生命，感性之表为生，理性之里为命。生命，形而下之极为生，名下实上；生命，形而上之致为命，形玄势妙。生命，集万物之理，不汇江河难为海，因此，生命科学必然是自然科学各领域充分发展后的集大成者！生命，达万理之成，千瓦万砖树一楼，因此生命科学必将是未来自然科学布新局、开新篇、出新潮的总设计师。而集大成者之脊梁、新局布师之灵魂，难出生命组学之右！

附表 1　19 世纪为人类发现的化学元素（52 种）

序号	年份	化学元素	地点	发现者
1	1868	氦 He（Helium）	法国 英国	让逊发现（P.Janssen） 洛克尔定名（S.N.Lockyer）
2	1817	锂 Li（Lithium）	瑞典	阿尔费德森（J.A.Arfvedson）
3	1808	硼 B（Boron）	英国	戴维（H.Davy）
4	1898	氖 Ne（Neon）	德国	科赫 (Koch, Robert)
5	1807	钠 Na（Sodium）	德国	戴维（H.Davy）
6	1808	镁 Mg（Magnesium）	法国	戴维（H.Davy））
7	1825	铝 Al（Aluminium）	丹麦	厄斯泰德（H.C.Oeisted）
8	1823	硅 Si（Silicon）	瑞典	贝采里乌斯（J.J.Bertholius）
9	1810	氯 Cl（Chlorine）	瑞典 英国	舍勒发现（C.W.Scheele） 戴维定名（H.Davy）
10	1894	氩 Ar（Argon）	英国	瑞利（J.W.Rayleigh） 拉姆赛（W.Ramsay）
11	1807	钾 K（Potassium）	英国	戴维（H.Davy）
12	1808	钙 Ca（Calcium）	英国	戴维（H.Davy）
13	1879	钪 Sc（Scandium）	瑞典	尼尔逊（L.F.Nilson）
14	1831	钒 V（Vanadium）	瑞典	塞夫斯特勒姆（Sefstrom）
15	1875	镓 Ga（Gallium）	法国	布瓦斯博达朗 （L.de.Boisbaudran）
16	1885	锗 Ge（Germanium）	德国	温克勒（C.A.Winkler）
17	1817	硒 Se（Selenium）	瑞典	贝采里乌斯（J.J.Berzelius）
18	1824	溴 Br（Bromine）	法国	巴拉德（A.J.Balard）
19	1898	氪 Kr（Krypton）	英国	莱姆塞（W.Ramsay） 特拉弗斯（M.W.Travers）
20	1860	铷 Rb（Rubidium）	德国	本生（R.Bunsen） 基尔霍夫（G.R.Kirchhoff）
21	1808	锶 Sr（Strontium）	英国	戴维发现并制得（H.Davy）

序号	年份	化学元素	地点	发现者
22	1801	铌 Nb（Niobium）	英国	哈切特（C.Hatchett）
23	1827	钌 Ru（Ruthenium）	俄国	克劳斯（K.K.Klayc）
24	1803	铑 Rh（Rhodium）	英国	武拉斯顿（W.H.Wollaston）
25	1803	钯 Pd（Palladium）	英国	武拉斯顿（W.H.Wollaston）
26	1817	镉 Cd（Cadmium）	德国	F. 施特罗迈尔 （F. Strohmeyer）
27	1863	铟 In（Indium）	德国	里希特（H.T.Richter）和 赖希（F.Reich）
28	1814	碘 I（Iodine）	法国	库特瓦（B.Courtois）
29	1898	氙 Xe（Xenon）	英国	拉姆塞（W.Ramsay） 特拉弗斯（M.W.Travers）
30	1860	铯 Cs（Caesium）	德国	本生（R.Bunsen） 基尔霍夫（G.R.Kirchhoff）
31	1808	钡 Ba（Barium）	英国	戴维（H.Davy）
32	1839	镧 La（Lanthanum）	瑞典	莫桑德尔（C.G.Mosander）
33	1803	铈 Ce（Cerium）	瑞典 德国 瑞典	贝采里乌斯（J.J.Berzelius） 克拉普罗特（M.H.Klaproth） 希新格（W.Hisinger）
34	1885	镨 Pr（Praseodymium）	奥地利	冯·韦尔塞巴赫 （C.F.Auer Von Welsbach）
35	1885	钕 Nd（Neodymium）	奥地利	冯·韦尔塞巴赫 （C.F.Auer Von Welsbach）
36	1879	钐 Sm（Samarium）	法国	德·布瓦斯博达朗 （L.deBoisbaudran）
37	1896	铕 Eu（Europium）	法国	德马尔盖（E.Demarcay）
38	1880	钆 Gd（Gadolinium）	瑞士 法国	马里纳克 （C.G.Marignac）（发现） 布瓦斯博达朗 （L.de.Boisbaudran）（制出）

续表

序号	年份	化学元素	地点	发现者
39	1843	铽 Tb（Terbium）	瑞典	莫桑德尔（C.G.Mosander）
40	1886	镝 Dy（Dysprosium）	法国	布瓦斯博达朗发现 （L.de.Boisbaudran）
41	1879	钬 Ho（Holmium）	瑞典	克莱夫（P.T.Cleve）
42	1843	铒 Er（Erbium）	瑞典	莫德桑尔（C.G.Mosander）
43	1879	铥 Tm（Thulium）	瑞典	克莱夫（P.T.Cleve）
44	1878	镱 Yb（Ytterbium）	瑞士	马里纳克（C.G.Marignac）
45	1802	钽 Ta（Tantalum）	瑞典	埃克伯格（A.G.Ekaberg）
46	1803	锇 Os（Osmium）	英国	台奈特（S.Tennant）等
47	1803	铱 Ir（Iridium）	英国	台奈特（S.Tennant）等
48	1861	铊 Tl（Thallium）	英国	克鲁克斯（W.Crookes）
49	1898	钋 Po（Polonium）	法国	皮埃尔·居里夫妇 （P.Curie，M.S.Curie）
50	1898	镭 Ra（Radium）	法国	皮埃尔·居里夫妇 （P.Curie，M.S.Curie）
51	1899	锕 Ac（Actinium）	法国	A.L. 德比尔纳 （A.L.Debierne）
52	1828	钍 Th（Thorium）	瑞典	贝采尼乌斯 （Jons Jakob Berzelius）

附表 2　病原微生物的发现年代

年份	病原体	所致疾病	地点	发现者
1877	炭疽芽孢杆菌 (Bacillus anthracis)	炭疽病	德国	科赫 (Koch,R.)
1878	葡萄球菌 (Staphylococcus)	化脓	德国	科赫 (Koch,R.)
1879	麻风杆菌 (Mycobacterium leprae)	麻风病	瑞典	汉森 (Hansen, Armaner)
1879	淋病奈瑟氏菌 (Neisseria gonorrhoeae)	淋病	德国	奈瑟 (Neisser,A.L.S.)
1880	金黄色葡萄菌 (Staphylococcus aureus)	中毒性休克 综合征	苏格兰	亚历山大·奥斯顿 (Alexander Ogston)
1880	伤寒沙门氏菌 (Salmonella typhi)	伤寒	德国	艾博斯 (Eberth,C.J.)
1881	链球菌 (Streptococcus)	化脓	苏格兰	阿格斯通 (Ogston, A.)
1882	结核分枝杆菌 (Mycobacterium tuberculosis)	结核病	德国	科赫 (Koch, R.)
1884	白喉棒杆菌 (Corynebacterium diphtheriae)	白喉	德国	Edwin Klebs and Friedrich Loffler
1884	霍乱弧菌 (Vibrio cholerae)	霍乱	德国	科赫 (Koch, Robert)
1884	破伤风梭菌 (Clostridium tetani)	破伤风	德国	尼可奈尔 (Nicolaier, A.)
1885	大肠埃希氏菌 (Escherichia coli)	腹泻	德国	欧利希 (Ehrlich, Paul)
1886	肺炎链球菌 (Streptococcus pneumoniae)	肺炎	德国	弗伦克尔 (Fraenkel, Karl)/ 巴斯德 (Louis Pasteur)
1887	脑膜炎球菌 (Neisseria meningitides)	流行性 脑脊髓膜炎	德国	维克塞博姆 (Weickselbaum, Antou)
1888	肠炎沙门氏菌 (Salmonella enteritidis)	食物中毒	美国	格尔特内 (Gaertner, A.A.H.)
1892	产气荚膜梭菌 (Clostridium perfringens)	气性坏疽	美国	伟克 (Welch, W.H.)

续表

年份	病原体	所致疾病	地点	发现者
1892	流感嗜血杆菌 (Haemophilus influenzae)	脑膜炎和肺炎	德国	普菲费尔
1894	鼠疫耶尔森氏菌 (Yersinia pestis)	鼠疫	德国	北里 (Kitasato, S.), 耶尔森 (Yersin, A. J.E.) 分别独立发现
1896	肉毒梭菌 (Clostridium botulinum)	肉毒中毒	比利时	埃尔门坚 (van Ermengem, E.M.P.)
1896	副伤寒杆菌 (Salmonella paratyphi)	副伤寒	法国	阿夏尔 (Achard, Charles)
1898	痢疾志贺氏菌 (Shigella dysenteriae)	痢疾	日本	志贺洁 (Shiga, K)
1911	苍白密螺旋体 (Treponema pallidum)	梅毒	日本	野口英世 (Hideyo Noguchi)
1906	百日咳博德特氏菌 (Bordetella pertussis)	百日咳	法国	博德特 (Bordet, J.) 和根高 (Gengou, O.)
1909	杆菌状巴尔通体 (Bartonella bacilliformis)	巴尔通体病	南美	阿尔伯特·巴通 (Albert Barton)
1973	轮状病毒 (Rotavirus)	婴儿腹泻	澳大利亚	毕夏普 (Bishop)
1975	甲型肝炎病毒 (Hepatitis A virus)	甲型肝炎	德国	Stephen M. Feinstone
1976	埃波拉病毒 (Ebola virus)	埃波拉出血热	非洲	波文 (Bowone); 帕提尼 (Pattyn)
1977	汉坦病毒 (Hantaan virus)	肾病综合征出血热	韩国	李镐汪
1977	嗜肺军团菌 (Legionella)	军团菌病	美国和菲律宾	麦克戴德 (McDade)
1978	丁型肝炎病毒 (Hepatitis D virus, HDV)	丁型肝炎	意大利	马里奥·李泽托 (Mario Rizzetto)
1981	人嗜 T 细胞白细胞病毒 1 (Human T-lymphotropic virus 1, HTLV-1)	T 细胞淋巴瘤,白血病	美国	伯纳德·皮尔兹 (Bernard Poiesz) 和弗兰西斯·卢思提 (Francis Ruscetti)

年份	病原体	所致疾病	地点	发现者
1982	肠出血性大肠杆菌 (E.coli.O157:H7)	出血性 结肠炎	美国	雷利 (Riley)
1982	人类 T 细胞性白细胞病毒 2 (Human T-lymphotropic virus 2, HTLV-2)	毛细胞性 白血病	日本	Kalyanaraman VS
1982	伯氏疏螺旋体 (Borrelia burgdorferi)	莱姆病	美国	博得佛 (Burdorfer)
1982	比氏肠细胞内原虫 (Enrterocytozoon bieneusi)	顽固性腹泻	美国	郝雷 (Gour ley)
1983	人类免疫缺陷病毒 (Human immunodificiency virus, HIV)	艾滋病	美国和 法国	罗伯特·加洛 (Robert Gallo) 和吕·蒙塔利亚 (Luc Montagnier)
1983	幽门螺杆菌 (Helicobacter pylori)	慢性胃 炎, 消化 性溃疡	澳大利亚	巴里·马歇尔 (Barry J. Marshall) 和罗宾·沃伦 (J. Robin Warren)
1986	人类疱疹病毒 6 型 (Human herpesvirus 6, HHV-6)	幼儿玫瑰疹	美国	罗伯特·加洛 (Robert C. Gallo)
1983	戊型肝炎病毒 (Hepatitis E virus, HEV)	戊型肝炎	俄罗斯	巴娜炎 (Balayan)
1989	丙型肝炎病毒 (Hepatitis C virus, HCV)	丙型肝炎	美国	迈克尔·侯顿 (Michael Houghton)
1989	查菲埃立克体 (Ehrlichia chafeensis)	人埃立克体病	美国	伯特·安德森 (Burt E. Anderson)
1990	人类疱疹病毒 7 型 (Human herpesvirus 7, HHV-7)	热性皮疹中枢 神经系统感染	美国	里加·弗里克 (Niza Frekel)
1991	Gunarito 病毒	委内瑞拉 出血热	委内瑞拉	萨拉斯 (Salas R)
1991	脑细胞内原虫 (Encephalitozoon hellem)	脑膜炎, 弥漫 性疾病	美国	迪迪奥 (Didier, E.S)
1991	巴贝虫新种 (New species of Babesia)	非典型巴 贝虫病	美国	奎克 (Quick RE)

续表

年份	病原体	所致疾病	地点	发现者
1992	O139 霍乱弧菌 (Vibrio cholerae)	霍乱	亚洲	菲利普·帕齐尼 (Filippo Pacini)
1993	辛诺柏病毒 (Sin Nombre virus)	成人呼吸窘迫 综合征	美国	特里·亚特斯 (Terry Yates)
1994	Sibia 病毒 (sibia virus)	巴西出血热	巴西	巴里 (Barry M)
1995	人类疱疹病毒 8 型 (Human herpevirus 8, HHV-8)	艾滋病相关卡 波氏瘤	美国	恩瑞克·梅西 (Enrique A. Mesri)
1995	庚型肝炎病毒 (Hepatitis G virus, HGV)	丁型肝炎	美国	西蒙斯 (Simons, J.N.)
1996	朊粒 (Prion)	新型克雅氏病	美国	斯坦利·普罗西尼 (Stanley B.P Prusiner)
1997	输血后肝炎病毒 (Transfusion Transmitted virus, TTV)	输血后肝炎	日本	Nishizawa T
1997	禽流感病毒 (H5N1)	流感	香港	de Jong
1998	西尼罗病毒 (West Nile virus)	尼罗河热	乌干达	Smithburn, K. C.
1999	尼派病毒 (Nipah virus)	脑炎	马来西亚	Chua, K. B
2003	SARS 冠状病毒 (SARS-CoV)	SARS	中国	
2003	高致病性禽流感 (H9N2)	流感	中国	
2005	人类博卡病毒 (Human bocavirus)	肺炎	瑞典	奥兰德 (allander)
2010	新型布尼亚病毒 (severe fever with thrombocytopenia syndrome bunyavirus)	发热伴血小板 减少综合征	中国	于学杰

附表 3　中国科学家发表的全基因组关联研究

发表年份	GWAS 涵盖的疾病	研究团队	发表杂志
2009	银屑病	张学军 等	Nat Genet. 41(2):205-10.
2009	系统性红斑狼疮	张学军 等	Nat Genet. 41(11):1234-7.
2009	麻风病	张福仁 等	N Engl J Med. 361(27):2609-18.
2010	鼻咽癌	曾益新 等	Nat Genet. 42(7):599-603.
2010	白癜风	张学军 等	Nat Genet. 42(7):614-8.
2010	肝细胞肝癌	贺福初、周钢桥 等	Nat Genet. 42(9):755-8.
2010	食管癌	王立东 等	Nat Genet. 42(9):759-63.
2010	籼稻的农艺性状	韩斌 等	Nat Genet. 42(11):961-7.
2010	多囊卵巢综合症	陈子江 等	Nat Genet. 43(1):55-9.
2011	冠状动脉疾病	王擎 等	Nat Genet. 43(4):345-9.
2011	食管癌	林东昕 等	Nat Genet. 43(7):679-84.
2011	特异反应性皮炎	张学军 等	Nat Genet. 43(7):690-4.
2011	肺癌	沈洪兵 等	Nat Genet. 43(8):792-6.
2011	格雷夫斯氏病	宋怀东 等	Nat Genet. 43(9):897-901.
2011	胃癌	沈洪兵 等	Nat Genet. 43(12):1215-8.
2011	精神分裂症	贺林 等	Nat Genet. 43(12):1224-7.
2011	精神分裂症	张岱 等	Nat Genet. 43(12):1228-31.
2011	麻风病	张福仁 等	Nat Genet. 43(12):1247-51.
2011	水稻的抽穗期和产量	韩斌 等	Nat Genet. 44(1):32-9.

续表

发表年份	GWAS 涵盖的疾病	研究团队	发表杂志
2011	胰腺癌	林东昕 等	Nat Genet. 44(1):62-6.
2011	强直性脊柱炎	古洁若 等	Nat Genet. 44(1):73-7.
2011	IgA 肾病	余学清 等	Nat Genet. 44(2):178-82.
2011	非梗阻性无精子症	沙家豪 等	Nat Genet. 44(2):183-6.
2012	川崎症	邬哲源 等	Nat Genet. 44(5):522-5.
2012	冠状动脉疾病	顾东风 等	Nat Genet. 44(8):890-4.
2012	多囊卵巢综合症	陈子江 等	Nat Genet. 44(9):1020-5.
2012	甲亢性周期性瘫痪	龚慧慈 等	Nat Genet. 44(9):1026-9.
2012	食管癌	林东昕 等	Nat Genet. 44(10):1090-7.
2012	前列腺癌	孙颖浩 等	Nat Genet. 44(11):1231-5.
2012	肝细胞肝癌	余龙 等	Nat Genet. 45(1):72-5.

附表 4　人类蛋白质组计划进展

启动年份	子计划	核心数据集	产出年份
2002	人类肝脏蛋白质组计划	ProteomeView, 6847 个蛋白质 (6788, *J Proteome Res*, 2010)	2012
2002	血浆蛋白质组计划	Human Plasma PeptideAtlas, 1929 个蛋白质 (3020, *Proteomics*, 2005)	2011
2003	人类脑蛋白质组计划	1832（人）/792（鼠）个蛋白质	2010
2003	蛋白质组标准化计划	蛋白质信息: mzML 分子间相互作用: PAR/MIAPAR/PSICQUIC 蛋白质分离: MIAPE-GEL/MIAPE-CC/MIAPE-CE	2010
2005	人类肾脏和尿液蛋白质组计划	Human Glomerulus Proteome: 3679 个蛋白质; Final standard protocol for non-proteinuric urine proteomics	2009
2005	人类抗体启动计划	第 10 版数据库已覆盖 14,079 个编码基因	2012
2005	人类疾病糖组学启动计划	Comparison of Methods for Profiling O-glycosylation; Analyses of the global glycoprofile of these cancer cells	2010
2005	人类疾病小鼠模型计划	小鼠分泌蛋白质组已鉴定 1400 个以上蛋白	2006
2006	人类心血管蛋白质组启动计划	1333 个蛋白 并附 10,000 以上 GO 注释，其中半数以上来自人的数据	2009
2007	干细胞生理蛋白质组启动计划	干细胞标志物、干细胞信号通路、干细胞与疾病	2009
2009	疾病标志物启动计划	肿瘤、心血管疾病、肺病标志物	2010
2010	模式生物蛋白质组启动计划	模式生物进展	2010
2010	人类染色体蛋白质组计划	即将公布; *J Proteome Res* special issue	2013

军事时代

JUNSHI SHIDAI

"甲午战争"之败在于有"甲"无"武"[1]

中日甲午战争(以下简称甲午战争)是 19 世纪末日本侵略中国和朝鲜的战争。这场战争以中国失败告终。清朝政府迫于日本军国主义的军事压力,签订了丧权辱国的《马关条约》。它摧毁了中华民族持续上千年的高度自信,掀起了世界列强瓜分中国的高潮。日本因战争胜利致使其民族自信心空前膨胀,因获得巨额战争赔款致使国力军力迅速强盛,并逐渐走上军国主义对外扩张之路。"甲午战争",是日本脱亚入欧、加入国际列强行列的"成人礼",是日本创造所谓"甲午神奇"的开端;"甲午战争",导致了北洋水师的覆没,宣告了洋务运动的破产,敲响了大清王朝的丧钟;不仅如此,"甲午战争",作为日本在中国历史上第一次军事战胜中国,还是现代日、中两国文化思想政治以致国运兴衰相向、背道而驰的分水岭,是日本随即长达半个世纪蚕食九州、涂炭华族的宣言书。

当前,正值中日钓鱼岛之争。弹丸之岛使太平洋不太平! 2014 年,又逢"甲午",正是"甲午战争"发生两个甲子之年,也是"大和民族"续写"甲午神奇"的蠢动之年。史来苦难深重、今正复兴再起的中华民族应该全民开展"甲午祭"!

---

1 2013 年 5 月 8 日《解放军报》摘要发表

前事不忘，后事之师！昨日"甲午"之败，败在何处？愚见，败在慈禧等清廷之罪，其罪在"有权无国"；败在李鸿章等洋务之过，其过在"有器无力"；败在丁汝昌等水师之误，其误在"有战无争"。简而言之，败在有"甲"无"武"！

一、"甲午"之败，败在慈禧等清廷之罪，罪在其"有权无国"

1886 年 12 月，英国埃尔斯威克造船厂为北洋水师打造的新型巡洋舰"靖远号"下水。按照惯例，新舰下水要演奏国歌，但当时的中国没有国歌，英国人随手拈来了一首古老的民谣——"妈妈好糊涂"，不幸竟一语成谶！

近代以来，当中国遭受西方列强侵略的时候，日本也是其掠夺对象。但面对同样的挑战，日本采取了与清廷完全相反的战略："与其被别人打，不如我也来个富国强兵，成为打别人的人。"1868 年，日本通过明治维新，走上资本主义道路，国渐强盛，遂与中国寻衅，相继抛出"征韩论""征台论""国权论""利益线"等一系列侵略理论，并逐渐形成以侵略中国为中心的"大陆政策"：一是攻占台湾，二是吞并朝鲜，三是进军满蒙，四是灭亡中国，五是征服亚洲、称霸世界。根据此政策，1872 年，天皇下诏，单方声称中国附属国琉球为日本藩属；1874 年因琉球而公开侵台，1879 年正式吞并琉球并更名为冲绳县，实施第一步。1876 年，日本以武力打开朝鲜国门，继而取得在朝驻军权，实施第二步。1884 年，日本利用清廷昏庸订立《天津会议专条》，取消中国为世公认的朝鲜宗主国地位，为以后出兵挑起战争埋下伏笔。由此可见，日本不仅亡我之心蓄谋已久，而且灭我之行已达门前！但清朝直到甲午战争爆发、面临灭顶之灾前夕还以为"开仗之说似是谣传"！其茫然无知、昏然沉睡，"忘战"之极，令人触目惊心、不可思议！

晚清，清廷大权由慈禧太后独揽，朝廷一切以"老佛爷"马首是瞻。后期，光绪好不容易等来亲政之机，自然感恩戴德，但权力稍纵即逝，只能极尽躬奉之能事。在 1888 年北洋海军成军后，清廷便将海军军费挪用，为太后修建颐和园。1894 年 7 月甲午战争爆发前，清朝毫无任何战争准备！反观日本的总体作战准备：制造侵略中国舆论、加速军制彻底改革、不断扩充军事装备、频繁进行军事演习、制定详细作战计划、大力加强情报活动、全面进行国防动员等，止可谓"无微不至"！战争爆发后，清朝只得仓促上马、打无准备之战！不仅如此，战争中清廷仍不忙于战事，而是忙于太后60大寿。有人请求停办"点景"，太后怒不可遏："今日令吾不欢者，吾亦令彼终身不欢。""上有所好，下必甚焉"。战端一开，主和之声便鹊起，而主和派最为重视的不是江河易手、生灵涂炭，而是京师根本与沈阳"陵寝重地"。终至清政府连日军预想中的直隶平原决战远未实施前，就匆忙地签订了丧权辱国的《马关条约》，割让辽东半岛、台湾和澎湖列岛，赔偿白银2亿两！掌国者昏至如此，石破天惊！恐怕连任何智多星都难解其由。但光绪的名言"宗社为重，边徼为轻"一言以蔽之，出奇地令人茅塞顿开！显而易见，"甲午"之败，根在光绪为保己之权而忘了社稷；根在慈禧为保满清执政权而放弃社稷江山，归根结底是掌国者心中无国。因此可说"甲午"之败，败在慈禧等清廷之罪，罪在其"有权无国"！

二、"甲午"之败，败在李鸿章等"洋务"之过，过在"洋务""有器无力"

洋务运动（也称同治维新），是中国近代史上第一次工业化、现代化运动。它源于战争之败，又终于战争之败，即自1861年底两次鸦片战争接连失利、太平天国起义席卷全国后开始，至1895年甲午战争失败而大致告终，历时近35年。此前，清王朝遭遇了开国以来最大的统治危机：太平天国运动如火如荼，蓬勃发展；英、法联合发动第二次鸦片战争，"数千年来未有之强敌"凭借洋枪洋炮打败了"天朝"军队；日趋衰落的清王朝犹如一座将倾的大厦，处在风雨飘摇之中，统治集团面对"三千年未有之大变局"。以李鸿章为代表的清廷上层洋务派为应对内忧外患并拯救政权于风雨飘摇，抱着"师夷长技以自强"的目的，"中学为体，西学为用"，学习列强的工业技术和商业模式，利用官办、官督商办、官商合办等模式发展近代工业，以获得强大的军事装备，增加国库收入，增强国力，从而维护清廷统治。

35 年的洋务运动在中国历史上奇功可居。中国近代革命的伟大先行者孙中山，于中日甲午战争爆发前夕的 1894 年 6 月北上，在其《上李鸿章书》中认为：洋务派敢于冲破"成例"的束缚和"群议"的阻挠，倡导洋务运动，"励精图治""勤求政理"，"育才则有同文、方言各馆，水师、武备诸学堂；裕财源则辟煤金之矿，立纺织制造之局；兴商务则招商轮船、开平铁路，已先后辉映"；"快舰、飞车、电邮、火械，昔日西人之所恃以凌我者，我今亦已有之"。由于看到"国家奋筹富强之术，月异日新，不遗余力，骎骎乎将与欧洲并驾矣"，因而"遂听欢呼，闻风鼓舞"。于是乎，我们是否满以为"同治维新"可比于甚至优于"明治维新"？天朝大国是否因此而可以高枕无忧、一劳永逸？"蕞尔小国"自此只能蚍蜉撼树、望洋兴叹？不然！而且绝然相反！历史无情，中山先生话音未落，灭顶的"甲午"之败直面而来，"小日本"将"大中华"打翻在地，并相继踩蹒长达 50 年之久！为什么？为什么？

答案何在？还是中山先生！他先于"甲午战败"就给予了斩钉截铁的回答：洋务运动"仿效西法"，虽取得显著成就，但终因"舍本图末"，"徒袭人之皮毛，而未顾己之命脉"，所以"犹不能与欧洲颉颃"。因而，他明确提出："窃尝深维欧洲富强之本，不尽在船坚炮利，垒固兵强，而在于人能尽其才，地能尽其利，物能尽其用，货能畅其流——此四事者，富强之大经，治国之大本也。我国家欲恢扩宏图，勤求远略，仿行西法，以筹自强，而不急于此者，徒维坚船利炮之是务，是舍本而图末也。"笔者理解，其四事者实际就是四力：人之力、地之力、物之力、商之力。"战争是力量的竞赛"（毛泽东）。同样出现于《上李鸿章书》的此段警世之言，其结论自然是：舍本图末的洋务运动由于"有器无力"，必然徒劳、必然失败！

洋务运动的主因在于战败后的痛定思痛，主旨在于救亡图存。其主帅，无论是李鸿章，还是曾国藩、左宗棠，均认为两次鸦片战争之败在于强大的洋枪洋炮，因此洋务运动的主体聚焦于速引西学、广开学堂、建大工厂、仿造枪炮。诚然，此举对于镇压国内意在夺取政权的农民起义如太平天国等，可起到牛刀杀鸡的作用。但面对国际执意亡我国、灭我族的敌国强寇，此举就无异于缘木求鱼、自取灭亡。

三、"甲午"之败，败在丁汝昌等水师之误，误在"有战无争"

甲午战争其主战场在朝鲜、中国一侧，日军属于跨海作战。中国虽是内线作战，但扰乱和切断敌军海上交通，显然是克敌制胜之要。因此，谁掌握了制海权，谁就掌握了战略优势。战局走向也确实如此：战争的转折点基于两国海军主力的决战——黄海海战，战争的终结点以威海卫海战导致北洋水师的全军覆没而罢兵。

北洋水师，是清朝后期建立的第一支近代化海军舰队，负责守卫京师，奏准优先集全力建造，因而是清政府建立的三支近代海军中实力和规模最大的一支，时称"亚洲第一、世界第六"的海军舰队。王朝引以为顶梁支柱、万民信奉为擎天巨伞，但均未料到竟如此名不符实、不堪一击！客观分析，甲午海战的完败，败因环生。其一是在战略筹划、战略指导上，由于中华海权思想的缺如，导致清朝政府创办的近代海军虽然拥有在远东居于较强地位的作战实力，但缺乏在海权思想指导下的战略理论及其完整的战略战役战术体系。这也是洋务运动"有器无力"的必然结果。

盛名之下的北洋水师顷刻间灰飞烟灭，我们不能尽数其外部败因而不内究，否则历史会不断重演！甲午战败，"老佛爷"慈禧、北洋大臣李鸿章等已被钉上历史的耻辱柱；但战败一个多世纪以来一直被奉为民族英雄的丁汝昌等北洋水师将领同样有着不可推卸的败责！这种败责不能因为主将、前线总指挥的舍身求仁而一了百了，更不能"以一人之头换万人头"而永享哀荣！主将天职不在战死，而在争胜。纵观战争全过程，我们不难看出丁汝昌率北洋水师一再误战，充分体现其"有战无争",如此焉有不败之理。

黄海海战是中日两国海军主力的决战,也是整场战争的转折点。参战"双方力量相当,日舰船身小而驶速快,快炮多而重炮少。双方船只数目和总吨位数也大体相当"(丁名楠)。但"北洋舰队的作战准备极为不足,炮弹奇缺。"丁汝昌在黄海海战爆发前率舰队出发时,竟将大批弹药扔在旅顺、威海卫两基地内,致使舰队因弹药不足蒙受重大损失。后在弹药十分紧张的情况下,赴威海前又将"定远""镇远"所用30.5厘米大炮炮弹272发扔在旅顺,并使其成为日军战利品。金旅之战与辽东半岛之战时,舰队将大批弹药物质完整地留给日军。这些物质不但没有成为抵抗日军入侵的战斗物质,反成为弹药紧缺的日军扩大侵华战争的战利品!此外,被后世一再褒扬为"以身许国"的水师前线统帅在黄海决战的关键时刻,负伤后中断战场指挥,且未明令代理人、代理旗舰,致使北洋水帅全军陷入混乱局面!黄海一战,清军元气大伤、信心尽丧,日军则自此坚定灭我之心。

1895年初的威海卫之战,是北洋水师惨遭覆灭的一战,也是甲午胜负之战。由于前面战事中战无一胜,在山东半岛的战役中,丁汝昌始终处于戴罪留任的境地,情绪低落,很难自如指挥战事。呈电李鸿章:"至海军如败,万无退烟之理,唯有船没人尽而已。""在进退无路、无以解罪情况下,丁汝昌选择株守军港直至船没人尽,以求个人上佳解脱"(许文)。清廷的"海守陆攻"战略、李鸿章的"保船制敌"战术,对于甲午战败、水师灭亡难逃其咎。但是迄今所有史料表明,无论是黄海海战之前,还是之后,北洋舰队所接到的命令都是出口巡查,以张声势,而非"株守军港"、坐以待毙。综上,"甲午"之败,败在丁汝昌等水师之误,误在"有战无争"!

前事不忘,后事之师。我们能否记住前事?慈禧等清廷政府心中有权无国,甲午之战敲响了清王朝的丧钟,满清迅即彻底灭亡。李鸿章等主导的洋务运动舍本图末、有器无力,甲午之败宣告了洋务运动的终结与破产,"同治中兴"终至误族亡国。丁汝昌率北洋水师,空挂"亚洲第一",罔顾战争铁律,战前忘战、战中怠战、决战厌战，只求一己成仁，不争整师制胜，其有战无争只能换来北洋水师的灭亡。

我们是否清醒后事？2014年是甲午之战发生两个甲子之年。120年前，天朝眼中的"倭寇"打败了"大中国"，开启了日本"甲午军事神奇"！60年前，国人心中的"小日本"开始经济腾飞，直逼全球之霸主，铸就了日本"甲午经济神奇"！2014年，又值"甲午"，日本上下不思战争之罪、只求"国家正常化"，"联合国入常""废宪建军""联美抗中"，一派"维新"景象，"甲午政治神奇"好像又已在路上。中日两国，一衣带水、隔海相望。中强，日称臣；中弱，日为寇。甲午之败，可说是血海深仇！《马关条约》，让我们割让了台湾及澎湖列岛，并赔了2亿白银，终于养肥了"倭寇"。我们很快健忘！因而，接着就有"满洲"的"九·一八"。可我们嘴里唱着"九·一八"，心里还是健忘！于是，又有了华北的"七七事变"。终于，我们又唱着"大刀向鬼子的头上砍去"，迎来了"南京大屠杀"！终于，数十万同胞的亡灵及其汇聚而成的血海汪洋，唤来了填海的"精卫"鸟，还有无数的伪军、汉奸、良民！我们总是健忘！因为我们忧伤的心灵总是"痛恨"武装！

"甲午"未离身边！"甲午"又到身前！我们还要健忘？我们永不武装？

甲 子 风 华[1]

金秋十月，天高气爽，硕果飘香。今天，群贤毕至，胜友如云，共同欢庆军事医学科学院建院 60 周年！在这倾听历史回响、展望美好愿景的喜庆时刻，请允许我代表军事医学科学院党委和全院万名官兵，热烈欢迎各位嘉宾的光临，并向长期以来关心支持我院建设发展的各位领导、各位来宾、各位院友，向各个时期为医科院建设发展默默耕耘、无私奉献的全体同志，表示最衷心的感谢，致以最崇高的敬意！

60 年前，正当新中国纪元初始、百废待兴之际，鸭绿江畔战火突起，刚刚站立起来的中国人民面临帝国主义原子武器、生物武器和化学武器的严重威胁。危急关头，党中央、中央军委和毛主席毅然决定，迅即成立中国人民解放军军事医学科学院。这是人民军队建立的第一个科学院，新中国建立的第二个科学院，是全军最高的军事医学研究机构。

60 年来，一代代医科院人在党中央、中央军委和总后党委的英明领导下，始终高举军事医学大旗，牢记强军报国、姓军为战的职能使命，秉承博学求是、

---

1 军事医学科学院 60 周年庆致辞，2011 年 10 月 14 日

忠诚卓越的科研理念,与官兵同呼吸,与人民共命运,栉风沐雨,披荆斩棘,白手起家,把一个新生科研机构,逐步建设成为军事斗争卫勤准备科技攻关的核心力量、反恐和处置突发公共卫生事件的突击力量、军队疾病预防控制的主要力量,为维护国家安全、社会安定、军民安康发挥了不可替代的重大作用,做出了不可磨灭的历史贡献。2003年4月,胡总书记亲临我院视察并给予"为党分忧、为民解难、拼搏奉献"的高度褒奖。这一褒奖,凝聚了医科院人60年建设发展的全部历史和忠诚使命的无尚荣光!

60年砥砺奋斗,我们以卓越为志,收获了彪炳史册的累累硕果。60年来,我们始终牢牢把握军事医学重心,把追踪当代科技最前沿作为攻坚克难的不竭动力,把抢占未来科技制高点作为攀登奋进的不懈追求,紧紧围绕担当重大使命、攻克重大难题、问鼎重大成果,积极探索科技创新的新思路,逐步形成了具有时代特征、军队特色、我院特点的科研发展之路,获得了一批又一批为祖国争光、令世人瞩目的丰硕成果。其中,全军后勤系统、全国卫生系统迄今唯一的国家科技进步特等奖,为新生的人民共和国铸就了战略盾牌,使我国在短时间内跻身"三防"领域世界主要大国行列;"疟疾治疗新药本芴醇及其亚油酸胶丸制剂"获得全国医药卫生领域第一个国家技术发明一等奖,在此基础上研发的复方蒿甲醚被世界卫生组织确定为抗疟首选药物,已拯救全球百万患者的生命,被誉为"东方神药",2009年获"欧洲发明人奖",2010年获美国"盖伦奖",2011年在"拉斯克奖"颁奖词中获得高度评价。我们在与美、加、法、德等国科学家的竞争中力拔头筹,获准领衔国际人类肝脏蛋白质组计划,开创了我国领衔国际重大科技合作项目的先河。我们成功研制了以野战医疗方舱、移动P3为代表的"二代野战卫生装备",占全军配发重点部队野战卫生装备的90%以上,为加快战斗力生成与提高、完成多样化军事任务提供了核心技术支撑,在汶川、玉树抗震救灾中被誉为"生命方舟"。我们先后承担完成了2700多项国家和军队战略性、基础性、前沿性重大课题,研制出药品、疫苗120多种,防护技术100多种,获准专利授权 640 多项，获得包括 6 项国家科技进步一等奖、7 项国家自然科学二等奖、6 项国家技术发明二等奖在内的 2000 多项高水平科技成果。这些成果，是一代代医科院人顽强拼搏、勇攀高峰，为官兵、为民族、为人类奉献的热血之花、智慧之果。

60 年砥砺奋斗，我们以忠诚为魂，建立了可歌可泣的不朽功勋。60 年来，我们始终坚定高举旗帜、听党指挥、服务人民的政治信念，把对党和人民的无限忠诚转化为履行使命的强大精神力量，在党和人民召唤之时闻讯而动、冲锋在前。大江南北，边陲海疆，硝烟弥漫，雪雨风霜，哪里有灾害现场，哪里有克敌战场，哪里就有我们战斗的足迹；哪里有疫情，哪里有险情，哪里就有我们无畏的身影。在历次重大战争保障、重大疫情防控、重大灾害救援、重大国事安保中，谱写了一曲曲敢于担当、勇于牺牲、甘于奉献的豪迈壮歌。从新中国历次局部战争到历次核试验，从抗击"非典"到阻击禽流感、防控甲型流感，从唐山、汶川、玉树抗震救灾到北京奥运、上海世博、广州亚运安保，从新疆"针扎事件"应急医学救援到西藏鼠疫、河南蜱虫防疫，都生动诠释了一代代医科院人祖国高于一切、使命重于一切的铮铮誓言。

60 年砥砺奋斗，我们以博学为宗，铸就了群星璀璨的人才方阵。建院以来，党中央、中央军委相继派遣新四军、八路军、红军时期的卫生部长宫乃泉、钱信忠、贺诚担任我院院长；60 年来，担任我院历任领导的红军共 36 人，红军这支英雄群体中仅有的三位博士钱信忠、涂通今、潘世征相继汇集我院，出任院长、副院长，这批从红军队伍中走来的我院创始人、领军人，为我院注入了红军永恒、不朽的灵魂，铸就了军事医学科学院革命英雄主义的"图腾"，我们就此自然成为了红色军医的传人。建院之初，正值新中国百业待举、人才奇缺之际，高端人才更是寥若晨星。首任院长宫乃泉求贤若渴，最后惊动周总理亲自调兵遣将，一大批著名专家响应国家召唤，或放下热爱的专业，或舍弃显赫的官位，或抛却丰厚的利禄，纷纷从海外和祖国的四面八方汇集而来，一时群贤毕至、风云际会，他们中的代表性人物构成了军事医学科学院 14 个学科系的奠基人队伍与中国军事医学科学事业众多领域的开创者、拓荒人。这支队伍中有：生理系蔡翘、昆虫系胡经甫、化学系黄鸣龙、生化系林国镐、外科系沈克非、药物系汤腾汉、病理系吴在东、营养系王成发、流行病系俞焕文、放射生物学系吴桓兴、细菌系刘永纯等。这些学科系的首任主任来院前均已是本领域屈指可数的顶级专家。生理系主任蔡翘教授，早在 20 世纪 20 年代就因为发现控制视觉与眼球运动的中枢部位——"蔡氏区"而享誉世界；他来院后，相继创立了我国我军的航海医学、航空医学与航天医学，因此享有"三航之父"的美誉；最近，国际小行星命名委员会鉴于其卓越的科学成就，将紫金山天文台所发现的"207681"号小行星命名为"蔡翘星"。60 年来，历届院党委始终坚持人才为本的建院方略，把人才支撑作为最根本的支撑，在全军率先推行首席专家负责制、科室主任聘任制、课题组长负责制、专业技术职务资格认定制，以及"任命＋聘任、固定＋流动、工资＋奖金"的用人制度，注重以海纳百川的胸怀延揽人才，以能战善研的标准锻造人才，以面向未来的基点考量人才，既立足当前又着眼长远，既推举大师又提携新秀，既培养领军人才又打造创新团队，既培养专门人才又打造复合人才，既奖掖成功又包容失败，确保了人才的青蓝相继、事业的薪火传承。60 年来，从我院先后走出 20 位"两院"院士，位列全军之首，其中有我军唯一的夫妻院士，全军难见的四对师生院士。现有"两院"院士 7 名，国家"973"项目首席科学家10 名，国家有突出贡献的中青年专家 18 名，以及"求是奖"获得者、国家杰出青年基金获得者、"新世纪百千万人才工程"等国家和军队级优秀人才 100 多名，为科研事业创新发展提供了强大的人才支撑。我们建立了以 15 个国际、国家级重点实验室（中心），46 个军队重点实验室（中心）为支撑的学科平台体系，以医、理、工、农、管、军 6 大学科门类和 58 个博士硕士学位授权点、5 个博士后流动站为依托的人才培养体系，逐步发展形成了平战结合、军民兼容、以军为主、寓军于民的学科格局。其中，我院毒物分析实验室获准为国际禁止化武组织指定实验室，使我国成为除美国之外唯一拥有两个该类实验室的国家。我院病原微生物生物安全国家重点实验室，多次承担联合国生物武器核查任务，赢得了国际声誉。以我院蛋白质组学国家重点实验室一批年轻科学家领衔的人类肝脏蛋白质组计划，开创了中国科学在新兴、前沿学科后来居上、领先世界、领衔全球的先例。

60 年砥砺奋斗，我们以求是为范，锤炼了崇实尚行的文化品格。60 年来，一代代医科院人在攀登科技高峰、探索生命奥秘的征途上，始终秉持坚韧执着、深沉内敛的精神特质，不为名利所诱、不为流俗所惑，皓首穷经，默默耕耘；全院上下自觉践行并不断传承"当老实人、说老实话、做老实事"和"严肃、严格、严密"的文化传统，政风务实，学风求实，民风朴实，广受业界称道。60 年来，一代代医科院人在破解发展难题、谋求跨越发展的实践中，始终坚守实事求是、与时俱进的思想品格，不唯书、不唯上，只唯实，勇于创新、敢于开拓。建院 7 年后，大力推动并完成了由学科建系向任务建所、学科建室的重大体系改革，为聚焦军事医学任务、组织跨学科联合攻关提供了条件；在 1958—1978 年政治运动频仍时期，坚持"三防"医学、"三带"医学发展不动摇，使军事医学在系列核心领域取得重大突破；新时期，我院在全军率先实行对内改革、对外开放，其中科技干部制度改革示范全军、科企结合的"四环模式"享誉全国；新世纪，我院在全国军口、国防口首开国家"千人计划"。60 年来，我们铸就了代代相传的特色精神，这就是以特等奖精神、院士精神、防疫铁军精神、"三防"铁军精神为标志的"医科院精神"，其精神实质集中体现为：听党指挥、忠诚使命的坚定信念，祖国至上、人民至尊的高尚情怀，勇攀高峰、引领超越的不懈追求，淡泊名利、拼搏奉献的优秀品格，勇于担当、不畏艰险的英雄气概。它们业已构成我们特有的文化基因，深深融入每个医科院人的精神血脉，成为全体医科院人共同的价值追求。60 年来，我们积淀了英模辈出的深根沃土，涌现出院士群体、核试验病理分队、抗疟药课题组、微检中心、药物化学研究室、"三防"医学救援大队，以及蔡翘、柳支英、黄翠芬、张培英、吴祖泽、陈薇、宋三泰、高宏伟等一大批体现时代精神、富有时代特色的先进典型。党中央号召全国"向张培英同志学习，把一切献给党"，黄翠芬研究员被中央军委授予"模范科技工作者"荣誉称号，抗疟药课题组被总后勤部授予"科技创新模范"荣誉称号，4个单位、3名个人荣立一等功，7名同志当选全国党代会代表，12名同志当选全国人大代表，10名同志当选全国政协委员。2009年，中央军委确定我院为全军学习实践科学发展观重大典型，经验做法转发全军。这一系列重大荣誉，已经内化为强大的精神力量，激励我们在科学发展的道路上高歌猛进、乘风远航！

各位首长，各位来宾，同志们，朋友们！

60年开天辟地，60年春华秋实。这一切，归功于党中央、中央军委的英明领导，归功于总部首长、总后党委和机关的亲切关怀与有力支持，归功于中央、国家机关有关部委，北京、天津市委市政府和吉林、河北、黑龙江省委省政府的大力支持，归功于兄弟单位、合作企业、两院院士、海内外同仁、广大院友、社会各界和人民群众的鼎力相助，特别是归功于各位老专家、老领导、老同志和全院广大官兵职工的全心付出与艰辛努力。在此，我再一次代表院党委表示我们最衷心的感谢，并致以最崇高的敬意！

各位首长，各位来宾，同志们，朋友们！

昨日之功已留青史，乘风破浪更待今时。当我们满怀崇敬之情，历数先辈们光耀千秋的丰功伟绩之时，既沉浸于高山仰止的荣耀，更感受到开拓奋进的责任。先辈们把我们托举到新的历史起点，下一个60年的荣耀注定要由我们来开启，由我们来开创。当前，世界正处在科学技术革命性变革的前夜，国际政治经济格局正在发生深刻变化，我国周边安全环境日趋复杂，非传统安全因素影响日益增加，对我军加快推进新军事变革、应对多种安全威胁、完成多样化军事任务，提出了新的使命和新的要求。我们作为国家和军队重要的战略卫勤力量，必须时刻牢记"姓军为战、强国为民"的根本宗旨，积极践行"艰苦奋斗、竭诚奉献、牢记使命、开拓创新"的历史重托，坚持以科学发展观为指导，深入贯彻主题主线重大战略思想，全面落实中国特色新军事变革和全面建设现代后勤的重大战略部署，进一步振奋精神，昂扬斗志，倾力打造力量型、引领型的世界一流军事医学科研机构，努力把我院建设成为集持续创新能力与尖端研发能力为一体的医学科学研究和工程研发中心，集超前预警与实时控制为一身的反恐处突和疾病防控中心，集博学求是与忠诚卓越为一脉的教育训练和科技交流中心，努力以无愧于先辈、无愧于时代的非凡业绩，写好"特等奖"的续篇，开创"二次腾飞"的新篇。

我们一定坚定不移、矢志不渝地坚持高举龙头、强化特色，着力锤炼不可替代的卫勤劲旅；一定坚定不移、矢志不渝地坚持追求卓越、敢为人先，着力锻造引领超越的科研重镇；一定坚定不移、矢志不渝地坚持汇聚精英、锻造精品，着力熔铸世界一流的创新品牌，努力在担当重大使命、攻克重大难题、问鼎重大成果上再创佳绩、再立新功。

各位首长，各位来宾，同志们，朋友们！

面对60年接力传承的厚重历史，面对日新月异的伟大时代，面对日益激烈的国际竞争，面对军委总部赋予的神圣使命，我们倍感形势逼人、责任重大。让我们紧密团结在党中央周围，坚定不移地贯彻落实党中央、中央军委和总后党委的决策部署，以国家和军队战略需求为牵引，以有效履行新世纪新阶段我军历史使命为核心，以维护国家安全、保障社会稳定、增进军民健康、推动人类进步为己任，万众一心，群策群力，为在新的历史起点上谱写科学发展新篇章、开创"二次腾飞"新辉煌而努力奋斗！

军事医学博物馆开工典礼致辞[1]

　　前天是西方的圣诞，昨天是新中国的圣诞。今天，我们在这里隆重集会，在隆隆的礼炮声和嘹亮的军乐声中一起见证共和国第一座军事医学博物馆的奠基。在此，我谨代表院党委，向长期关心支持军事医学科学院各项建设的总后机关首长，及全军各个兄弟单位的领导、专家表示衷心的感谢！对各位能够在百忙之中大驾光临表示最热烈的欢迎，向参与工程建设的同志们致以崇高的敬意！

　　12 月 27 日，是一个平凡而又伟大的日子。

　　翻开历史的画卷，我们可以看到：

　　1831 年的今天，进化论的奠基人——博物学家达尔文开始伟大的环球之旅，经典著作《物种起源》——也是人类文明史上最伟大的博物学鸿著从此写下序言，划分人类科学史的里程碑在这一天悄然奠基，世界航海医学也在英国海军"小猎犬号"的航船上跨越七大洲四大洋，开始凤凰涅槃之旅。

　　1930 年的今天，工农红军第一次反围剿战争开始，无数革命先烈在枪林弹雨中为缔造新中国这一伟大理想而经受生与死的考验，我军军事医学之花也在血

1　军事医学博物馆开工典礼致辞，2011 年 12 月 27 日

与火的熔炉中孕育。

1966 年的今天，新中国向世界庄严宣布，人类第一次人工合成结晶牛胰岛素取得圆满成功，从此揭开了生命奥秘的新一页，并且首次获得了诺贝尔奖提名，这是我国生物医学界最值得骄傲的日子，必将永载史册。

1968 年的今天，人类首批绕月飞行的宇航员平安返回地球，航天医学的巨大价值和深远意义得到空前彰显。

1984 年的今天，中国首支极地探险队在南极半岛登陆，闻名于世的长城站开始建设，特殊环境医学研究推功居首。

12 月 27 日，是一年中的第 361 天，如果从平面几何上理解，她是 360 度之后一个新的开始；翻开古老的中国黄历，12 月 27 日还是破土修造的良辰吉时。因此，12 月 27 日，是绝佳的天时；四环高速路、京广大动脉、空中专机线是难得的地利；四方高朋的大驾光临更无疑是名符其实的人和。我们同拥天时、地利、人和，可谓华彩尽收，胜景尽揽。

人类文明史已逾百万年，古往今来，博物馆如同奔腾长河的集锦，源源不断地将过去的故事浓墨重彩地深情诉说。人们走进这里，就能穿过时空，俯瞰历史风云，对话古圣先贤。

在此要建的军事医学博物馆，将是亚洲首家、世界展陈面积最大的专业军事医学博物馆，建设用地达 6000 多平方米，建筑面积达 30 000 平方米。它采用了希腊建筑的古朴简练之元，与八一大楼、军事博物馆等我军代表性建筑的庄重风格一脉相承；四周平地拔起的 24 根擎天柱石，威武神圣，象征着一天之中争分夺秒的 24 小时、一年之中风云变幻的 24 节气；顶层镶嵌的巨大玻璃地球造型，突显的正是仰望星空、窥视宇宙的崇高科学追求。博物馆共 10 层，近 50 米高，将设立展览厅、沙龙、报告厅等综合场所，逐步成为我国乃至世界进行军事医学科普、教学、培训和参观的综合性基地。

军事医学博物馆，既不同于希腊的缪斯神庙，法国的卢浮宫，英国的大英博物馆，也不同于北京的故宫博物院、国家博物馆，它展示的不是金银珠宝，亦非奇珍异巧，这里是大使恶魔抗争的舞台，这里是生物医学巧夺的天宫，这里是控诉战争罪孽的法院，这里是人类守望和平的灯塔。

在这座神圣的科学殿堂里，我们将高悬诺尔曼·白求恩伟大的国际主义精神，以及救死扶伤的人道主义精神，我们将镌刻新中国生理学奠基人蔡翘大师缔造的卓越功勋，我们将书写长征路上走出的三位红军博士——钱信忠、涂通今、潘世征的传奇故事，我们将颂扬军中奇葩周廷冲、黄翠芬这对夫妻院士的报国情怀，我们将追寻黎氏三兄弟的院士血脉，我们将传承吕士才、吴孟超、卢世璧、姜泗长、华益慰等当代华佗的济世风采，我们将折射张培英、冯理达、张华等全军医疗卫生战线英模人物的不朽光芒。

在这里，我们将真正解密拯救全球千百万患者生命，获得过美国拉斯克奖、美国盖伦奖、欧洲发明人奖和中国医药卫生系统首个技术发明一等奖的"523"项目的辉煌历史；在这里，我们将全面展示与"两弹一星"比肩、获得过国家首届科技进步特等奖的"三防"医学的卓越成就；在这里，我们将深度诠释人类基因组、蛋白质组图谱的神奇密码，生动记录新一代中国科学家破解生命天书的伟大足迹……

今天的开工典礼，标志着中国人民解放军从此将会拥有一个专业的国家级乃至世界级的军事医学博物馆，这是对老一辈科学家的最好纪念，也是对我们新一代军事医学工作者的最好鞭策。希望参与筹建的同志们牢记首长的嘱托和期望，奋发作为，埋头苦干，一丝不苟，精益求精，竭力打造神圣殿堂，全心树立不朽丰碑。

历史将记住今天，历史将记住我们。

积极推进"三个转变"
在国际舞台上充分展现我军科技实力[1,2]

军事科技实力，是指在军事斗争中研发和运用当代最先进的科学技术能力。自有人类社会以来，人们总是把最先进的科学技术首先应用于战争。军事科技实力也就成为军事实力的核心要素，在军事斗争中发挥着决胜制胜的关键作用。进入工业社会，特别是 20 世纪 90 年代以来，随着高新科学技术在军事领域广泛应用，军事高新科技已经成为世界各国竞相角逐的战略高地。

当前，我国正处于从世界大国向世界强国转型的重要战略机遇期。随着我国战略利益拓展和国际地位跃升，一些发达国家加紧对我实施军事围堵和遏制。军事科技领域势将成为未来我与西方敌对势力长期争夺较量的前沿地带。这就要求我们军事科技工作者，必须积极适应我军职能使命拓展的新任务新要求，认真贯彻军委新时期军事战略方针和新军事变革战略部署，加快推进我军科技实力从追赶向超越、从先进向引领的全面转变，逐步实现我军科技发展的战略突围，并最

---

1 在全军外宣工作会议上的发言

2 在外宣工作会议上的发言，2010 年 8 月 19 日

终赢得国际军事斗争的先机和主动。

一、推进从"铸剑"向"亮剑"转变，着力展现我军的科技影响力

军事科技事业是高新科学技术向战斗力生成转化的桥梁和支撑。就此而言，那些为人们所仰望的"象牙塔"和实验室，既是"铸剑"的熔炉，也是"亮剑"的战场。随着高新军事科技竞争愈演愈烈，军队广大科技工作者要积极适应从创新型向力量型转变的新要求，既当好"研究员"，又当好"战斗员"，为我军职能使命拓展提供有力的支撑和保障。

一要切实维护我国战略利益。当前，我国已跃居世界第二大经济体，我们的一举一动既深度影响世界，又深受世界影响，与国际局势发展变化紧密互动、息息相关。如何在全世界有效维护我国主权、能源、资源、信息等生命线安全，已经无可回避地成为我军履行职能使命的崭新历史课题。伴随着我军力量向海洋、太空、网络、电磁等空间和领域延伸拓展，军事科技事业必须树立舍我其谁的担当意识和主动作为的进取精神，努力在我军走向现代化的进程中同向思考、先行跨越。我们军事医学科学院作为我军最高医学研究机构和疾病预防控制的龙头力量，始终以科技支撑我军职能使命拓展为己任，立足平时、着眼战时，针对当前重大需求部署任务。

二要积极担当国际人道责任。我国尽管只是一个发展中国家，但长期以来始终牢记担当的国际责任，积极参与国际维和与人道主义救援行动，在世界上日益树立起讲和平负责任的大国形象。我们军事科技工作要深刻把握"三个提供一个发挥"的新使命新要求，在为国际维和救援行动提供支撑和保障的同时，也要积极履行"和平使者"的责任和义务，切实"为维护世界和平与促进共同发展发挥重要作用"。这些年，我们院注重发挥自身科技优势，积极参与国际维和与重大自然灾害救援，先后派出多批专家前往索马里、刚果（金）、利比里亚等国际热点地区执行维和任务，与加蓬共和国举行人道主义救援联合军演，并派出专家救

援队参加海地特大地震防疫救援，使我军科技实力辐射到非洲和拉美大陆，在国际上产生了重大影响。2009年，我们还积极响应国家援助非洲计划，无偿捐赠由我院自主研发、价值数百万元的复方青蒿素类抗疟药物，并主动承担在非洲国家援建2个抗疟中心的任务，为维护非洲人民健康和深化中非传统友谊做出了突出贡献。我们还全力争取并通过了国际禁止化学武器公约组织指定实验室联检联试，使我国成为同时拥有2个该类实验室的国家，为开展军控履约外交赢得了战略主动。2009年，我院被国际世界动物卫生组织授予狂犬病参比实验室，不仅填补我国空白，而且填补了亚洲空白。

三要牢牢占据制权的制高点。所谓制权就是作战优势的控制权，历来是作战双方殊死争夺的制高点。20世纪90年代以来，各种制权理论推陈出新，在传统制海、制空理论的基础上，逐步发展出制太空、制电磁、制网络等制权体系。随着战争维度的拓展，进一步强化了军事科技对战争制胜的决定性作用。在这一系列制权理论中，需要特别关注的是最近刚刚提出的"制生权"理论。如果说陆、海、空、天、电磁、网络的制权，是武器系统与武器系统即物与物的较量，那么"制生权"则是生命系统与生命系统，即人与人的较量，是继信息化之后透视未来战争的又一个新维度和新视角。此外，随着科技发展对社会伦理道德底线的冲击，特别是恐怖主义在全球的孳生蔓延，生物恐怖威胁正在一步步向人类逼近。近年来，我们依托我国医药卫生领域唯一的国家"特等奖"成果，积极开展前瞻性探索和先导性研究，着力创新防范生物恐怖威胁的手段和战法，以先人一步、高人一招、胜人一筹的科技实力，在成功处置新疆扎针事件、某驻华使馆白色粉末事件等重大任务中发挥了关键性作用，为有效应对生物恐怖威胁构筑了坚强的科技"长城"。

二、推进从"跨越"向"超越"转变，着力展现我军的科技竞争力

近代以来，面对西方列强的欺凌蹂躏，中国人始终坚守科技强军的梦想，凭借几代人艰苦卓绝的拼搏奋进，取得了一系列重大的历史性跨越，在若干决胜制

胜的尖端科技领域达到或接近世界先进水平，为实现民族自立自强、赢得和平发展机遇奠定了坚实基础。但总的来看，我们与西方发达国家还存在明显差距，个别领域的差距可能更为显著。要彻底摆脱这种落后于人、受制于人的被动局面，就要求我们在埋头苦干、不懈追赶的同时，必须不断增强我军科技发展的竞争活力，真正开辟出一条适应我军职能使命拓展的"新干线"和"快车道"，努力推动军事科技发展从"跨越"向"超越"全面转变。

一是要在优化战略布局上谋超越。 近年来，我军科技建设取得了长足发展，实现了一系列重大成果的突破，但从世界发展的潮流和长远发展的大势来看，整个科技发展体系在结构布局上还不尽合理。我们要在不期而遇的碰撞和较量中立于不败之地，就必须从优化科技发展的战略布局着手，构建科学完备的军事科技支撑体系。进入新世纪，我院充分利用研究制定科技发展规划的契机，不断优化科研发展的战略布局，有力地推动了军事医学科研事业创新发展。实践中把握"四个结合"：①现实需求与超前部署相结合，紧盯世界军事科技发展前沿与大势，加强我军科技中长期发展规划的前瞻性研究论证，强化远景规划，并力求短期目标、心理预期、现实可能与远景规划有机统一，防止随心所欲的无序发展和因循守旧的惯性发展。②统筹兼顾与重点突破相结合，注重合理有效地配置和使用资源，突出加大重点方向、重点领域的投入力度，防止一线平推、分散用力，确保科技产出效益的战略性、引领性。③系统集成与体系建构相结合，既注重传统科技、新型科技等成熟科技要素的集成、整合，更重视新生科技等成长型科技要素与体系的构建、打造。④应用研究与基础研究相结合，着力加强基础研究的投入和部署，注重以基础理论突破引领应用转化，更引领未来变革、开辟新的时代、新的纪元。

二是要在强化使命担当上谋超越。 近年来，随着重大自然灾害和重大传染性疾病日益成为全球性公共问题，抢险救灾、疾病防控等非战争军事行动，正在成为考验各国政府和军队实力与形象的新标杆。当美国政府和军队还在为 2005 年卡特里娜飓风救援不力备受责难之时，中国政府和人民军队却以汶川和玉树抗震救灾的出色表现，赢得了全世界的广泛赞誉。其间的鲜明对比，反映的是中美两国军队性质和宗旨的根本不同，也反映了对职能使命认知和担当的根本差异。作为人民军队特别是军事科技战线，我们既要把执行非战争军事行动作为展现实力的新舞台，更要将其作为国际竞争的新舞台新高地。2003年以来，我院以抗击"非典"为契机，先后参与了防控禽流感、甲型流感，汶川、玉树抗震救灾，以及奥运、世博、亚运、大运安保等一系列重大非战争军事行动，为保障人民安康、维护社会定宁、守卫国家安全做出了突出贡献，被誉为"人民健康卫士、军队卫勤劲旅、国家三防坚盾"。党和国家领导人先后多次亲临我院视察，2008年我院先后被党中央、国务院、中央军委表彰为"全国抗震救灾英雄集体"和"北京奥运会残奥会先进集体"。2009年又被中央军委确定为全军学习实践科学发展观的典型广泛宣扬。

三是要在深化交流融合上谋超越。科技发展从来离不开交流融合，古今中外概莫能外。正所谓"他山之石，可以攻玉"，只有不断地进行交流融合，思想才能在碰撞中升华，科技才能在砥砺中进步。我国军事科技虽然走过100多年追赶的历程，但面对西方发达国家的迅猛发展和严密封锁，未来我们仍将在相当长一个时期处于整体落后的局面。对此，我们既不能妄自菲薄，更不能固步自封。只有抱持海纳百川、开放包容的心态，不断加强与世界前沿和高端的交流融合，才能一点一点地汲取先进思想、积聚爆发力量，才能最终跟上世界军事科技发展的脚步，勇立世界军事科技发展的潮头。我院在开展学术交流融合方面一直走在全军前列。实践中，我们注重把握军队单位与科研院所的双重属性，在确保我院机密安全的前提下，着力构建学术交流的平台，畅通学术交流的渠道，每年仅出国留学和参加国际学术会议的就多达200余人，将一大批中青年才俊推向国际舞台。我们还利用领衔国际人类肝脏蛋白质组学计划的有利条件，多次承办国际蛋白质组学大会和国际生物医学高峰论坛，邀请多位诺贝尔奖获得者和众多国际著名学者前来讲学，帮助我们拓宽了思路、开阔了视野，为推动军事医学创新注入了新思想和新动力。

三、推进从"登峰"向"造极"转变，着力展现我军的科技创新力

在世界科技发展的历史长河中，我们的祖先曾留下一串串令人惊叹的闪光足迹。据统计，16世纪前中国对世界科技发展的贡献率高达54%以上，傲视世界！但进入19世纪中后叶则急剧下降至可怜的0.4%，直接导致国力和军力的全面衰落，并被牢牢地贴上愚昧落后的标签。今天，历史再次向我们投来期许的目光，我们必须勇于担当历史责任，抢抓机遇、主动作为，推动我国军事科技从冲刺向领跑、从引领向领导转变，努力在军事科技发展的高地上树起中国的旗帜、我军的旗帜。

一是要敢于做先进思想的倡导者。我们常讲，"机遇总是青睐有准备的人"。但在科技发展的实践中，机遇则总是青睐有思想的人。历史上每一次重大的科技变革，本质上都是一场深刻的思想革命。只有以先进思想为引领，我们在科技发展的道路上才能走得更远、飞得更高。也只有先进的思想，才是唯一持久的科技创新源泉。今天，如果要问我们最匮乏的是什么，那一定就是思想和有思想的人。长期以来，由于缺乏思想，我们只能跟在别人的后面追踪别人的脚步；由于缺乏思想，我们只能纠缠于别人的问题复制别人的答案。作为新时期的军事科技工作者，我们一定要有放飞思想的勇气，敢于打破陈规，勇于标新立异，切实以创想狂想的活力迸发，引领和催生高起点高水平的科技创新。60年前，当蔡翘、胡经甫、朱壬葆等先辈大师们受命拓荒军事医学研究的沃土之时，他们的底气和动力就源自于那些至今仍熠熠生辉的独创性思想。正是遵循这些思想的引领，我们军事医学研究事业才能够走到今天、走向明天，我们军事医学科学院也才能在国际"三防"医学研究领域居于领先地位。

二是要勇于做前沿学科的领航者。学科是科技发展的平台和支撑，没有先

进的学科体系，就没有科技发展的重大进步。当新中国科技发展刚刚起步的时候，思想灿若群星的先辈大师们每一位都是学术"泰山""北斗"，每一位都引领和开创了一个或多个学科方向。他们是新中国科技发展的源头，引领并超越了他们所处的时代，像灯塔一样至今仍指引着中国科技发展的航向。作为站在巨人肩膀上的攀登者，我们理应比先辈大师们达到更高的水平，开创更新的境界。近年来，我们着眼解决军事医学科研的重大问题，选择基因组与蛋白质组学、创新药物、基因芯片、模式生物及干细胞与再生医学等基础和高技术领域，重点发展、重点突破，带动了军事医学科研水平整体提升。特别是肝脏蛋白质组学研究形成了领先世界的优势，在国际上产生了重大而深远的影响。2005年，我们所创建的北京蛋白质组研究中心被确定为"人类肝脏蛋白质组计划"国际执行总部，开创了我国领衔国际重大科技合作项目的先河。

三是要善于做尖端技术的先行者。在军事科技发展的历程中，技术手段的变革总是能够开辟新的发展路径，开拓新的发展境界。军事科技发展要取得引领或领导性成就，就必须跳出军队系统的固有空间，敏锐捕捉技术手段发展的前沿动态，善于运用尖端技术解决科技发展中的瓶颈问题。早在1973年，为有效解决辐射伤害早期治疗中的造血问题，后来当选中科院院士的吴祖泽研究员受命留学英国主攻干细胞研究，回国后他独立撰写了国际上第一部干细胞技术的专著，填补了该领域的空白，并先后举办数十期培训班向全军全国推广普及，使我院成为干细胞研究的发源地，并保持世界先进水平。为解决抗疟药物的抗性问题，我院周义清教授从"复方是克服或延缓抗性产生的有效方法之一"的信息中获得灵感，率先将两个国家一类新药蒿甲醚和本芴醇配伍使用，在组方配比上进行大量试验，最终研制出首个含青蒿素类衍生物的新型固定比例的复方抗疟药复方蒿甲醚，成为我国唯一一个在国际上注册销售、具有自主知识产权和国际专利的创新药物。2009年，该项成果获得年度"欧洲发明人奖"，这是我国具有自主知识产权的药物在国际上获得的最高奖项。2010年，又获得国际药学界诺贝尔之称的

"美国盖伦奖"。2011年，由于该药拯救了百万患者生命，而促使其单方——青蒿素的发现者屠呦呦先生获得医学界仅次于诺贝尔奖的"拉斯克奖"。

　　总之，强军路上，我们的军事科技既要"铸剑"，更要"亮剑"；既要"跨越"，更要"超越"；既要"登峰"，更要"造极"。

理性是构建新型中美军事关系的基本遵循[1,2]

我们的天职，首先是防止战争，其次是打赢战争。而任何战争，无外乎"攻""防"两方。今天的会议，云集了国内外"防"务的精英，而我们的对手何在？战争的策源何来？

古往今来，战争之源，无外乎人类理性的三大敌人：一是无理之极的疯狂；二是自私之极的贪婪；三是鲁莽之极的霸道。消灭这三大敌人，我们就可防止战争；打败这三大敌人，我们就可打赢战争。面对这三大敌人，所有防务战线的战友、所有防务工作的同道，我们是同一战壕的战友。

人类发端于非洲大陆。走出非洲后，人类首先在东方、在纪元的第一个千年，进入"江河时代"，以中印等四大文明古国为代表，形成了人类社会文明发展的第一波浪潮，创造了"东方文明"。接着在欧美大陆、在纪元的第二个千年，人类进入"大西洋时代"，以英美等近现代强国为代表，形成了人类社会发展的第二波浪潮，创造了"西方文明"。如今，人类纪元进入第三个千年，精确地说是

---

1 2013 年 4 月 11 日在"美国的亚太再平衡战略及其影响国际研讨会"上的主题发言

2 在"美国的亚太再平衡战略及其影响国际研讨会"上的主题发言，2013 年 4 月 11 日

第三个千年的第一个世纪的第二个十年，人类开始步入"太平洋时代"：这既是"东方文明的复兴"，更是东、西方文明的首度会师、深度融合并集大成，从而开创"大成文明"！这是历史之盛！这是人类之幸！史无前例！万年一遇！作为东方文明代表的中国和作为西方文明代表的美国，我们责无旁贷、任重道远！"太平洋时代"的成败，在全球！但首当其冲，在中美！在中美能否创建互利共赢、惠及全球的新型大国关系！而其核心，在于能否创建互利共赢、惠及全球的新型大国军事关系！

创建互利共赢、惠及全球的新型大国军事关系，关键在于我们共同打败导致战争的人类理性的三大敌人：一是"强化理性"，以征服无理之极的"疯狂"；二是"增加担当"，以战胜自私之极的"贪婪"；三是"多行王道"，以扫除鲁莽之极的"霸道"。

一、强化理性，以征服无理之极的疯狂

中美两军关系，面临三次重大挑战：一是 1950 年始的朝鲜战争；二是 1999 年的我驻南斯拉夫使馆被炸；三是 2009 年始的美"战略重心东移"。1949 年新中国建立前，我军先后打了 8 年抗日战争、4 年解放战争。1950 年，建国之初，我军力尤其是国力，可谓"精疲力尽"。但是为了"保家卫国"，我志愿军入朝作战，结果与美军率领的联合国军几成平手，从此奠定了我军在强大美军面前的自信。1999 年，我驻南使馆被美"误"炸，激起我全民公愤，从而终止了"军队要忍耐"格局，我军从此才走上现代化、新军事变革之路。从心底说，我们要感谢美国、感谢美军！

奥巴马总统执政后，美国相继提出"重返亚洲""战略重心东移""亚洲再平衡"战略。"有朋自远方来，不亦乐乎"。中国，热诚欢迎朋友，尤其是远道而来的朋友；但从来痛恨被人堵到家门口、打到家门口、甚至破门而入。遇此情况，再一盘散沙的民众，都会同仇敌忾、众志成城。面对中华民族，从未有过永久的胜利

者、征服者！我坚信，以谋略争先、战略制胜的美国、美军，不会在自己内外交困的艰难时刻，选择全球人口最多、时下发展最快、全民发奋图强的中国为敌。衰败，是美国当前最大的安全威胁！美如当下与中为敌，必将迅速开启衰败并加速此过程。历史上，美国从未疯狂；我坚信，今天的美国也绝不会疯狂！

二、增加担当，以战胜自私之极的贪婪

中国有句古话：人不为己，天诛地灭。自私，是人之天性，因而维护私权，也是政之天职。美国，是一个伟大的国度，引领了现代科技革命，开启了电器化、信息化工业革命，为人类文明进入新的时代做出了原创性、奠基性贡献！当代历史，无一国能出其左右。其辉煌历程是：科技为经，工业为纬，经天纬地，筑固国本，在人类历史上首次证明"科技是生产力"，而且是最重要的生产力，从而在新大陆迅速崛起。

当今世界，面临着众多全球性挑战：能源、资源、环境、气候、恐怖、贫穷、饥饿以及危害人类健康的众多顽症、绝症，等等。它们均有待于人类去攻克，而作为科技最发达的美国和发展最快的中国义不容辞，首当其冲。

如果我们将地球比作"变形金刚"，以太平洋为中心，当变为飞机时，中美就是其起飞时的两轮起飞架，就是飞行翱翔时的两翼、两大引擎，它们同心同德、步调一致，就可强力推动这只如同巨龙与巨鹰杂交而成的凤凰共同飞向高空、飞向深空，去发现新大陆、去开垦处女地。地球有限，而天空无限！愚蠢者，画地为牢；智慧者，风光无限！中美应该有更大担当、应该有全新作为，应联手带领人类走向深海、走向深空，开辟全新的生存、发展空间与维度。人类的未来有待我们共同去开拓！

三、多行王道，以扫除鲁莽之极的霸道

有文字记载的3000来年世界历史、5000年来中国历史表明：王者，躬奉天下，

继而天下归；霸者，强夺天下，终为天下弃。古往今来，实力最强者、势头最猛者，可以为王、亦可为霸。王者，以天下为公，克己奉公；霸者，以己为天，肥私损公。虽均为所辖地域和领域带来秩序、稳定，但前者是克制自己而成就天下，后者是掠夺天下以成就自己；最终，行王道者得天下，行霸道者失天下，古今中外，概莫能外！

人类正处在严峻经济金融危机、严重文明冲突危机和众多全球性挑战并发时期。人类社会期待王者归来。王者，以德服天下；霸者，以力征天下；前者春风化雨滋养万物，后者冬雪凝冰封冻世界。王者使天下由乱而治；霸者使天下由治而乱。王者到，则天下大治、天下太平，天下自兴；霸者临，则天下大乱、天下无宁，天下定沉。太平开盛世，不义必自毙！

"太平洋时代"，是东方文明的复兴，更是东、西方文明的集大成！只要大洋两立、东西两领的中美，强化理性，以征服无理之极的疯狂；增加担当，以战胜自私之极的贪婪；多行王道，以扫除鲁莽之极的霸道，联手打败人类理性的三大敌人，"太平洋"必定"太平"！全球的"太平洋时代"必定到来！"太平洋时代"必定惠及全人类！

为强军兴国凝聚强大科技创新力量[1]

——军事医学科学院药物合成团队先进事迹的启示

贺福初　高福锁

军事医学科学院药物合成团队始终牢记姓军为战、强国为民宗旨，紧紧扭住维护国家安全、护佑军民健康现实课题，63年如一日，矢志不移，接力攻关，为国家铸就化武防护医学盾牌，建起生物安全药物防线，推动了极端特殊环境下官兵健康防护难题的关键性突破，实现了军民融合承担重大战略性药品保障的跨越式发展。学习他们的可贵精神和宝贵经验，对于为强军兴国锻造一支秉承科学精神、领悟科研真谛，执着探索、忠诚使命的科技创新力量，具有重要的时代意义和现实启示。

一、始终铭记重任在肩、保障打赢的创新使命

科学技术是军事发展中最为活跃、最具革命性的因素，对战争形态和作战方

1《解放军报》，2014 年 11 月 19 日

式的影响日益深刻。正如一些军事专家所言，"一盎司硅所产生的效能也许比一吨铀还要大"。因此，面对实现强军目标的光荣使命，军事科技工作者需要更主动的担当意识和更强烈的忧患思维。近代以来，尤其是清朝末期，因为政治腐败、社会封闭保守，未能抓住发生在 16 ~ 17 世纪的火药化军事革命、19 世纪下半叶的军事工业化革命，直接酿成落后挨打、丧权辱国的苦果。新中国成立后，在国家经济最困难、物质条件最匮乏时，我们饿着肚子、拼着性命搞出奠定新中国大国地位的"国之重器"，最终赢得了宝贵的和平发展环境。历史反复证明，谁抢占科技发展的制高点，谁就能掌握制胜的主动权。

20 世纪 50 年代，在抗美援朝战场上，中国人民志愿军面临化学战剂的紧迫威胁。药物合成团队以张其楷为代表的老一辈科学家，响应新中国的号召，从四面八方汇集而来，抛家舍业，隐姓埋名，全身心投入神经毒剂损伤医学防护研究，从零开始，为我军创建了完备的防化医学体系。本世纪初，在"非典"肆虐的阴云中，这个团队以李松领衔的新生代，敏锐地意识到国家"生物安全疆域"正面临新发突发传染病侵蚀的现实威胁，主动请缨，科学研判，以抗流感病毒药物为主攻方向开展预研，最终在连续几场应对大规模流感疫情的战役中取得重大成果。近 20 年来，这个团队始终铭记肩上沉甸甸的军人职责，把服务部队、保障打赢作为创新使命，针对渡海作战和急进高原缺氧导致非战斗减员和作业能力下降等难题，在国际上首次研制出全新结构的体能增强药；为满足海军长航、潜航和陆军跨海作战需求，研制出抗晕特效药；为解决高新技术武器部队官兵健康防护难题，研制出抗电磁辐射药物。时间在推移，任务在演变，不变的是药物合成团队以强军兴国为己任，以保障打赢为目标，主动担当、责无旁贷的使命意识。

向药物合成团队学习，就是要像他们那样，着眼全局、矢志创新，用丰硕的科技成果支撑强军目标的实现；就是要像他们那样，以天下兴亡为系，以苍生安危为念，以对军队事业负责、对国家前途负责、对中华民族命运负责的担当精神，成就无愧于历史与后人的丰功伟绩。

二、着力强化勇攀高峰、追求卓越的创新胆略

习主席深刻指出，"真正的核心关键技术是花钱买不来的"，并要求广大科技工作者"牢固树立敢为天下先的志向和信心，敢于走别人没有走过的路，在攻坚克难中追求卓越，勇于创造引领世界潮流的科技成果"。一方面，国防意义重大的先进科学技术具有天然的"排他性"，谁也不会把开启胜利之门的"金钥匙"拱手送人。另一方面，多年来对社会主义中国的政治、经济、军事、科技、意识形态等领域的战略遏制和围堵无处不在。可以说，国际上的限制、封锁、孤立、打压，是军事科技工作者面临的"常态"。这种情况下，如果只知循规蹈矩，只会亦步亦趋，就永远无法摆脱束缚，永远不能突破藩篱，其结果必然是受制于人、任由宰割。

新中国成立之初，面临西方国家严密的经济和技术封锁，我们对神经毒剂的了解仅限于数量极少的国外文献报道，研究基础几乎为零。药物合成团队瞄准国际公认的化学战剂医学防护尖端课题，在重重迷雾中摸索开辟出正确的研究方向，许多新发现早于国外文献报道 2～20 年。在最基本的实验用玻璃器皿都难以充足供应的条件下，他们收集、合成数以万计的化合物，以大海捞针、精卫填海的毅力反复筛选、评估，最终发现一批特效抗毒化合物并组成复方，抗毒效价迄今世界领先。20 世纪 90 年代初，西方发达国家一厢情愿为之开出 2 亿美元的"天价"，被断然拒绝。2005 年，H5N1 人禽流感疫情全球暴发，我国向世界制药巨头求购特效药，对方因产能受限无法供应，当我们要求转让专利自行生产时，却被"善意"地提醒："工艺复杂，你们生产不了。"这个团队经过夜以继日的刻苦攻关，完全依靠自己的力量研发合成出药物，一举攻克了 17 道复杂工艺，使生产效率提高 3 倍。为打破国外公司对某重大民生药物的专利垄断，药物创新团队在所有酸式盐化合物均已申请专利，看似"铁板一块"的绝境中，通过大量理

论分析和量子化学计算，一举推翻国际制药权威"不可能"的结论，出人意料地合成碱式盐化合物，直接迫使跨国制药公司放弃专利，进口约降价40%。

向药物合成团队学习，就是要像他们那样，走前人未走之路，成他人未竟之事，勇攀高峰，开拓创新，积极抢占军事科技前沿阵地；就是要像他们那样，秉承科学永争第一的理念，固守敢为天下先的信念，追求卓越，臻于极致，竭力创造引领世界潮流的科技成果。

生物安全：国防战略制高点[1]

贺福初　高福锁[2]

世界范围内频发的严重"生物事件"，使得国防已经突破陆、海、空、天、电的疆界，拓展至"生物疆域"范畴。"生物疆域"是一个国家为了保护生命资源，以及与之相关的权益空间，应该具备的生物安全保护和生物威胁防御实力的范围。"生物疆域"安全与国家核心利益密切相关，是国家安全的重要组成部分，越来越受到各国政府的高度重视，许多国家把生物安全纳入国家战略，作为国防和军事博弈的制高点。我国正值经济发展转型期和社会矛盾凸显期，更需从国家安全的战略高度深刻认识全球生物安全形势，充分借鉴先进生物安全管理经验，构建新型生物威胁防御体系，为实现富国强军目标保驾护航。

一、全球生物安全形势严峻，我国面临严重生物威胁

随着国际形势日趋复杂，由地缘环境、利益争端等引发的生物安全问题愈加

1《求是》，2014 年 1 月 2 日
2 军事医学科学院政委

突出。维护国家安全和社会稳定，需要牢固树立"生物疆域"意识，切实认清面临的生物威胁。

全球生物安全形势非常严峻。全球生物安全形势呈现影响国际化、危害极端化、发展复杂化的特点。联合国《禁止生物武器公约》有令难行，生物武器研发屡禁不止，生物战的威胁仍然存在；病原体跨物种感染、跨地域传播，造成新发突发传染病不断出现；由自然灾害、人为因素造成的突发公共卫生事件层出不穷；环境污染、外来物种入侵等造成严重生态环境破坏，基因资源流失现象时有发生。这些均成为世界各国共同面对的重大生物安全问题。

新型生物威胁特点明显变化。受国际政治斗争持续进行、武器装备高新技术化、人为故意行动等因素的影响，新型生物威胁的特点发生明显变化。未来生物威胁主要表现形式可能是突发的人或动、植物疫情，与自然发生的传染病疫情或突发公共卫生事件很难分清；病原体可能趋于低致死、高致病、易传播、难追溯的特性；实施手段可能是合成和施放新病原体制造可疑疫情等；危害范围不仅指向生命健康，而且重在威胁社会和政府，以达成政治、经济、军事目的。

我国生物安全威胁种类增多。我国作为当今世界快速发展的新兴经济体，处于世界复杂格局的中心、大国博弈的漩涡，面临多种生物威胁。一些国家或组织利用病原体实施生物威胁的风险不断增加，成为国家安全面临的重大挑战。重大新发突发传染病疫情、食源性疾病、动物疫病增加等问题，严重危害人民健康。基因组学、合成生物技术应用，以及生物实验室泄漏事故，存在着潜在风险。外来物种入侵造成物种灭绝速度加快、遗传多样性丧失、生态环境破坏趋势不断加剧。据 2013 年 10 月 25 日《人民日报》消息，我国几乎所有生态系统均遭入侵，已确认 544 种外来入侵生物，其中大面积发生、危害严重的达 100 多种。

二、生物安全地位重要，我国生物威胁防御能力急需加强

我国需要强化"生物国防"意识，借鉴国际先进的生物安全管理经验，尽快

弥补生物威胁防御能力的不足。

生物安全是国家核心利益的重要保证。一个国家如果出现生物安全问题，将会严重影响到民众健康、经济运行、社会秩序、国家安全和政局稳定。例如，2001 年美国炭疽事件，虽然只有 22 例患者、5 例死亡，但仅接受预防性治疗的就达 3 万多人，对经济造成的损失无法估计。第一次世界大战曾因传染病暴发流行，对交战双方的战争胜负产生了重要影响。因此，做好生物威胁防御工作涉及国家安全等核心利益，必须加强。

生物安全是国家战略目标的重要支柱。许多国家把生物安全纳入国家安全战略，建立以军队相关机构为主的生物防御体系，并从国防和军事角度积极抢占战略制高点。美国先后制定颁布了生物盾牌计划、生物监测计划和生物传感计划，并围绕这三个计划部署了一系列明显具有国防和军事意图的项目任务，在生物反恐和疫情处置中发挥重要作用；德国将传染病定性为国家安全威胁；英国、澳大利亚等国也分别把安全、国防等部门纳入公共卫生体系。这些足以证明生物安全在国家战略部署中的重要地位。

我国生物威胁防御能力建设急需加强。我们党和政府密切关注生物安全问题，提出要加快发展生物安全技术，构建先进国家安全和公共安全体系，有效防范对人民生活和生态环境的生物威胁。目前，我国逐步建立了病原微生物生物安全国家重点实验室、国家生物防护装备工程技术研究中心等科技支撑平台，并把军队疾病预防控制机构纳入国家公共卫生体系建设，已经构建了初步的生物威胁防御体系，在非典型肺炎、高致病性 H5N1 禽流感等重大传染病疫情防控中发挥重要作用。然而，与发达国家先进的生物安全管理经验相比，我国在生物威胁监测预警、应急处置和科技支撑等方面仍然存在不少薄弱环节，急需从战略规划研究、组织管理体制、科学技术研究、宣传教育培训等方面加强建设。

三、生物安全涉及面广，急需构建新型生物威胁防御体系

我国生物安全涉及部门较多，急需以深化改革为契机，强化国家意志，制订战略规划，构建统一指挥、军地互补、部门协同、全民参与的新型生物威胁防御体系。

建立权威高效的生物威胁防御组织管理体系。打通条块分割的生物安全管理格局，在各级政府建立权威的生物安全管理机构，实施统一领导、协调和指挥。强化军队在国家生物威胁防御中的特殊地位和重要作用，发挥军队高度集中统一、科技实力较强、应急反应较快的明显优势，以军队相关专业力量为主体，构建平战一体衔接、军地融合发展的国家生物威胁防御体系和应急反应网络，建立军地联席的会商研判机制，以及多部门联合处置的分工协调机制，同时加强相应的法规制度建设。

建立军地互补的生物威胁防御科技支撑体系。按照"军地联合、优势互补"的原则，构建生物威胁防御科技支撑体系，在摸清我国生物威胁防御能力体系建设现状的基础上进行补缺配套，提高整体水平。针对全球生物安全形势以及我国未来可能面临的生物威胁，系统论证生物威胁防御的科技需求，前瞻部署国家和军队生物威胁防御重大科技专项，重点在监测预警、应急处置、基础研究等方面加大科技支撑力度，在生物两用品安全管控方面加强对策研究。

建立多元分层的生物威胁防御教育培训体系。把生物安全知识纳入国防教育体系，建立以军事医学科研和军队疾病预防控制机构为骨干，以国家相应机构为依托的教育培训体系，通过多种形式，开展生物安全宣传教育，使各级政府、社会各界充分认识生物安全的重要性。军队要始终发挥好"前哨"的作用，时刻追踪全球的生物安全动态，重点从反生物战、反生物恐怖的角度，深入研判我国面临的、不断变化的生物威胁，坚决捍卫国家的"生物疆域"安全。

文化时代

WENHUA SHIDAI

成年赠言——醒事、醒世

浩宸：

转眼间，你年满 18 岁，已为成人！开始由"生物的你"走向"社会的你"，由"家中的宠儿"成长为"世间的男人"！我们心中是一份惊讶、几分欣喜！不日，你将面临人生一个重要的关口——高考的挑战。这是你成年后所经受的第一个考验，也是对你童年、少年所有人生积累的一次集中检阅！在此，作为你生命之源、人初之友的我们，祝你以成人之心，醒高考之事；以男人之魄，醒人间之世！

在你步入新的成长阶段之际，我们除了一如既往地给你关爱、帮助和鼓励外，更多的是寄予你希望，希望你以男子汉的进取、果敢、刚毅、坚贞，从容应对人生中可能遇到的任何挑战、坎坷、挫折和荣辱，努力做一个明者、强者、智者和善者。

明者就是有明确长远的人生目的，立鲲鹏之志，而又脚踏实地和持之以恒地为实现目标而努力；明者就是能够自信、自强、自尊、自爱、自明、自律、自省、自在；明者精神通达，积极进取，遇见问题从不怨天尤人，而是主动解决；明者了解自己，从不进行毫无意义的争斗；明者珍惜时光，不在无聊等待中虚度光阴。

强者就是能够宽容人事，通对世事，爽应惑，欣应难，恺应逆，定应顺。困难挫折是对强者的挑战，是强者的试金石，是坦途前的隘口，因而是行者的动力，是勇者的灯塔。强者就是用信心、能力和行动平坎坷、拔昆仑、擎苍穹，而立于天地间。

智者就是积涓流以成江河、集跬步以至千里，博采众长、高瞻远瞩；就是举一反三、融会贯通，见微知著、一叶知秋；就是运筹帷幄、以弱胜强，达则守其雌、厄则护其雄。智者亲天地之机，乐万物之妙，念人间之情，和宇宙之理。借《中庸》所言，智者：博学之、审问之、慎思之、明辨之、笃行之。

善者就是孝亲、敬师、博爱。善者，孝敬给予你生命和亲情的人，感恩给予你知识与机遇的人，感激给予你关心和激励的人。善者，厄则齐身，达则济世；大善若水，忧天下之忧而忧，乐天下之乐而乐；苟利国家生死矣，岂因祸福避趋之。

12年的寒窗苦读，你已经成熟了许多、懂事了许多。你的身上，有许多我们为之自豪的优点。你聪明、灵慧、善良、诚实、责任心强，能吃苦，有个性，遇事有自己的见解，有较好的文学艺术修养和较强的综合素质。但也存在不足。这很正常，人不可能十全十美，每个人都有自己的短长，我们也是如此。尽管我们对你的要求较高，希望你努力成为一个比较完美的人，但不是要你刻意追求完美，而是要面对现实，扬长避短，"天生我才必有用"，关键是发挥出自己的特长。

你学习上一直在努力、在用功，投入了很多精力，付出了太多艰辛，也有不少收获，特别是数学方面的长足进步，令我们欣喜！或许是某些课程的原有基础不够扎实，或者是过去在学习方法上有些不对路，或者是没有特别注重细节，而影响了以往自身更好的发挥，以致以前的考试成绩还不尽如你意，自己也常有受挫感。但是你近来的表现，无论是你自己，还是我们及老师，均强烈地感受到你是在渐入佳境！以往的考试成绩既然已表明不代表现在，那就更不可能代表一个月后的高考！

离高考还有一个月的时间。尽管人生成功的路不止这一条，但高考毕竟是人生一个不可忽视的重要关口，为了 12 年的寒窗，也值一搏！在此关键时刻，希望你：一是调整好自己的状态，加强体育锻炼，保持积极、平和的心态，以愉悦的心情应对高考的挑战；二是合理计划，妥善安排好每科目的复习时间，提高学习效率，做到静心、精心、尽心，系统梳理、牢固把握基础理论和核心知识；三是目标既定，就要竭尽全力，努力冲刺，不断超越，创造奇迹！

你出生那天爷爷的日历（已收入你的生长日记里）上印着一句英国谚语：Early start makes easy stages。高考前如有时间，请看一看你生长日记中你的诞生记，你将会知晓在你生命的第一天，父母就已将"卓越"的祝福注入你的生命里！

永远爱你的父母

2006 年 5 月 1 日

开　学[1]

世界上很少有事能让如此多的人高兴！这，就是开学！

明日开学了！上够了幼儿园的金童玉女、"宝宝"们，你们终于喜登人生的第一个学堂！"小升初"、"中考"、"高考"、"研考"的成功者、"大侠豪杰"们，你们可以满怀胜利的喜悦迈入理想的殿堂！低年级的学弟学妹们，你们终于不再是"老么"！还有，望子成龙的家长们，你们即将放飞春天的希望；求贤若渴的老师们，你们就要收获秋天的梦想！这是春华，更是秋实！这是秋天，胜似春天！多么好的时节：万千学府摘"新桃"，亿兆学子换"旧符"！这是人间幸事，这是国家盛事！

人类，作为万物之灵长，由感而应，由知而智。人类文明，启于文字、昌于文章、成于文书、盛于文库，"文"生而"明"至、退"野"而远"蛮"。于是有，万代相学、兆众相习；并且，革故鼎新、继往开来；终于，汪洋恣肆、奔流不息，"文"且"化"也。

学校，传文承明之场，开化启智之所。人类文明，绵延数千年，"文"不绝

---

1 北京市教委 / 北京市电视台《明天开学了》演讲稿

于一世，"化"不止于一伍，其功首推"学校"，"学校"是人类文明的摇篮！中国，作为5000年世界文明古国，历4000余年，经庠、序、学、校、塾，终至"学校"，可谓源远流长。"开学"，古往今来，均属国之典，世之礼。此次被委（北京市教委）/台（市电视台）特邀，共襄《明天开学了》盛举，不禁令我回想起自己求学路上的点点滴滴。

一、童年的苦难

苦难是我上的第一所学堂。三年自然灾害期间，我出生于湖南省安乡县一个农耕之家，家族世代务农，父母大字不识。政治的动乱、社会的动荡，伴随着我的童年。人生的苦难，使我先天缺营养；时代的苦难，使我先天缺教养。但是潜移默化、深耕民间的湖湘文化，硬是像女娲补天，朗清了我幼小、稚嫩的知性与心灵：楚国大夫屈原的行吟问天、东晋辅国将军车胤的"囊萤夜读"、北宋文正公范仲淹的"后乐天下"，虽越千年，就在身边！

五岁时，我虽不识字，靠"鹦鹉学舌"，已能很快背下"老三篇"，方圆称为一奇。初生牛犊，渴望读书、渴望上学！向父母哭着、闹着，"我要上学"！其时，"文革"正如火如荼，各校均停课"闹革命"，根本无学可上！一直等到七岁，大队办起了仅一个年级的小学，我作为大龄学童勉强入学。但由于只有二年级一个班，因此连续读了两个二年级，第一年，啥也不懂，跳级，高兴！第二年，懂了不少，留级，郁闷！

我家兄妹三人同时读小学，我们既期待开学，又怕开学。开学了，就有书可读了，所以我们期待；开学了，要交学杂费，否则，不发给你教科书，因此我们恐惧。那时，我们三人学杂费加到一起，虽然不到十元，但对于务农、一年到头根本分不到十元的父母亲来说，却是天文数字！自然，我们开学后常常拿不到教科书！这样，我们不仅无书可读，还得忍受同学、甚至老师的白眼与歧视。因此，多年来，我们兄妹又很怕开学！

无奈中，父母亲后来想到了养母猪、卖猪仔、筹学费的办法。为此，我们虽然要少吃不少本来就欠缺的白饭而挨饿，以节省下来粮食供给母猪与猪仔，但是毕竟有书可读了，而且还可以扬眉吐气地读书了，我们不再为读书、为开学而痛苦，而是满心为读书、为开学而欢呼、而快乐！可是好景不长，连续两场猪瘟几近中断我们的求学旅程。最后，还是父亲当掉了他从事地下工作时缴获土匪、珍爱如生命的毡帽、皮衣，才拯救了我们的上学机会。

二、青年的诱惑

诱惑是我上的第二所学堂。1974 年小学毕业时，正值"白卷英雄"当道、"反潮流闯将"走红。社会上流行：宁要"社会主义草"，不要"资本主义苗"；"读书无用"、"知识越多越反动"，其嚣尘上，强烈冲击着读书人的灵魂；学校不是学工，就是学农、学军，根本无课可上、无书可读，以中华之大，却容不下一张小小的书桌！

在这种背景下，不少同学不想"荒废青春"，而主动辍学回家务农，作为一个"整劳力"，不仅可挣工分养活自己，还可帮衬家人，实现自己的"价值"。当时我家里仅父母一个半劳力，养活我们姊妹四个极为困难，常常入不敷出。无望的未来与实在的当前，形成了显而易见的强大反差，从而构成了"人生的第一个诱惑"：不当被人看不起的"寄生虫"，要当光荣的自食其力的"劳动者"。未曾想到：父母根本不同意！他们朴素地认为："养儿不读书，不如养个猪"，彻底打消了我这个念头。但是为此，母亲曾背着我们多次出去要饭，我们也曾背着父母出去要饭，以聊补家里粮食的匮乏；此外，为减轻父母的负担，我 12 岁起，就一直坚持边上学、边劳动，养活自己。

1976 年，粉碎"四人帮"后，举国大庆，各级都举行了文艺汇演。在全县汇演中，我带领公社宣传队夺得第一名，且个人因表现突出，经反复考核，被县文工团录取，一时传为佳话。这对于一个农村的少年来说，是跳出"农门"的难得机遇，简直像"天上掉馅饼"，乐得父母喜不自禁。但是当听到即将恢复高考的消息后，我斩钉截铁地回绝了文工团的好意，拒绝了到手的跳出"农门"的诱惑，下定决心准备接受祖国的挑选，即使落选，"鸡飞蛋打"，也义无反顾。

这一天，来得比我预想的早了一年。1977 年 8 月 31 日（23 年前的今天），作为学生会主席的我，本来拟定召集学生会干部讨论新学年的组织工作。不巧，全公社举行高考摸底考试，占用了我们的会场，无地开会，校长开玩笑地让我一道考，结果数理化均考了全社第一。因此，我作为高一在校生代表，参加了"文革"后第一次高考，并考上武汉大学，无意中成为常德地区在校生考上名牌大学的第一人，也是唯一者，人们奔走相告，整个乡村几近沸腾，好像是鸡窝里飞出了"金凤凰"。但我自己清醒地意识到此前没有经过系统的中等教育，如果此时急于求成，将来一定难成大器，因而果断放弃了此次众人求之不得的名牌大学深造机会，甘冒风险、继续中学学习。

1978 年参加全国统考，我成绩如愿名列全省前茅，自己满心希望能攻读当时广被人们青睐的激光物理或理论数学，结果却被复旦大学录取为竞争更为激烈的遗传工程专业。其时全国刚开过"科学大会"，尘封的科学重见天日，科学的桎梏终被砸碎，荒芜的时代已成往事，人们欣喜若狂地欢呼、拥抱"科学的春天"！国际上刚崭露头角的遗传工程在大会上被国家列为八大重点发展的战略领域。按理，我应珍惜这千载难逢的机遇。不料，由于乡村的闭塞、个人的无知和时代的荒芜，我错误地将它与"育种"简单地等同，因而极端地抵触，几次三番地要求更换专业。要不是老师谈家桢先生后来的"醍醐灌顶"，那就随了大流，与生命科学失之交臂。

1982 年大学毕业，同学们大都忙着"考托"、"考 G"，联系出国。老师盛祖嘉教授则提醒我：大家一窝蜂出国，留在国内的年轻人将会机会更多；大家打破头挤进中科院、名牌大学，从军的年轻人将会机会更多。古往今来，逆潮流而动，从来得不到人们的理解，明摆着可能的风险，确是新潮先锋的"捷径"；随大流而行，历来用不着人们的思考，潜藏着必定的危险，尽属时代落伍的"麦城"。我有幸听从了教授的劝告，再次摆脱了时尚的诱惑，从而有了2001年大陆最年轻的院士，2002年我军最年轻的将军，成为我国领导国际大型科技合作计划的第一人。

明日要开学了！学弟学妹们，人生，不仅有黑色的苦难，能阻碍你抵达成功的彼岸，而且有金色的诱惑，能吸引你误入事业的歧途，甚至死胡同。对前者，要勇往直前；对后者，要心无旁骛。明天，属于你们！

生之典，命之范[1]

——心仪谈老的阳光雨露

　　古人云：人生七十古来稀。谈老今年期颐，但体康神清，不可不谓人生之典；谈老历经苍桑，却心泰气定，不可不称命运之范！我的人生之旅不及谈老的一半，但谈老的阳光雨露，照亮了我三分之二的行程、滋润了我整个求学／治学的心路！

　　30 年前，经过十年劫乱的祖国终于送走了严冬！1978 年 3 月 18 日的全国科学大会，像一声春雷，解放了科技人员禁锢已久的思想，全社会迎来了"科学的春天"。那是新时期科技发展的第一座里程碑。大会通过了《1978—1985 年全国科学技术发展规划纲要（草案）》——新中国的第三个科学技术发展长远规划。在谈老等专家的大力推动下，遗传／基因工程被列入重点发展的八大工程之一。我们后来知道，遗传／基因工程在 20 世纪 70 年代才诞生，那时，国际上只有屈指可数的几个科技发达国家将其明确地列入国家重点发展的战略性领域。由此可见谈老对科技前沿与发展大势的敏锐性、前瞻性。可以说，中国的生物工程是从

---

[1]《学部通讯》，2008 年第 9 期，10-12

遗传／基因工程起步的，而没有谈老当初的鼓与呼，就不会有后来中国遗传／基因工程的大发展，自然也就难有中国生物工程的今天！

也是在 30 年前，我一个懵懂无知的村童参加了"文革"后全国第一次高考统考，"阴差阳错"地被录取为竞争十分激烈的复旦大学遗传专业本科生。但由于知识的荒芜和乡村的闭塞，我浅薄地将"遗传"与"育种"等同，因而并未认识到机会的难得。报到后，多次努力调换专业未果，心中极为沮丧、落寞、消沉。无奈中，参加了班级组织的一次谈老的讲座与对话。那时，谈老年近七十、位至副校长、名满天下，我等大一"犬子"，自不量力。谈老的循循善诱、娓娓道来，将遗传学、DNA 等精义，和盘托出，简直是别开洞天、醍醐灌顶！虽然不能说自此我就爱上了遗传学，但谈老的一席话确实让我隐约地感受到了遗传学的博大精深、经要妙思与远大前程。浪了白此回头、游子从此埋首。30 年后顿首，多谢恩师！多谢师祖！

"进化"是谈老终生的心许。早在 20 世纪 30 年代，谈老在国内完成的关于果蝇及其他昆虫进化的系列成果就发表于国际最著名的遗传学杂志上，并悉数被国际遗传学与进化生物学大师、集遗传学与进化论之大成者、谈老后来博士学位的副导师——杜比赞斯基教授收入其盖世之作《遗传学与物种起源》。进化研究，在谈老领导的遗传所一直薪火相传，我等即使是本科生也耳闻目染、神熏体授而潜移默化，其本科毕业后来从事进化研究的校友，复旦明显多于其他高校便是其明证。"进化"的种子也不自觉地深耕我心，此点还是我在大学毕业七年后才偶然发现的。当时追随吴祖泽先生初学实验血液学，面对"层出不穷"的造血生长因子，一头雾水，不知所措。慌乱间，突然想到谈老多次强调的杜比赞斯基教授的一句名言：不从进化的角度看问题，生物学的一切将是无意义的（大意）。因而尝试从进化的角度，对这些因子进行分析、归类。结果幸运地发现它们的进化速率呈现良好的规律性，即造血生长因子的"发育相关进化"、配基与受体的"协同进化"、物种演化中的"分子减速进化"、其 mRNA 编码区与非翻译区的"协调进化"；进而提出系列推论与假说，并证实其普遍性。那时，我作为进化研究的初涉者、业余爱好者，心中虽有几分窃喜，但有更多的忐忑、乃至惶然，就像海边的拾贝者，一不留神捡到了"珍宝"，却难以确定它的价值。在我茫然间，经盛祖嘉教授引荐，谈老不顾 85 岁的高龄，利用会议间隙听取了我的系统介绍，随后主动将其推荐给国内外此领域的代表性专家、权威，并举荐我在国内外一系列学术会议上报告。正是谈老的鼓励与提携，笃定了我对进化研究的坚守，不仅我躬身自好，在我的学生中也不乏进化研究的爱好者。恰是"桃李不言，下自成蹊"。

谈老作为我国遗传学的开创者之一、摩尔根学派的中国"代言人"，在 20 世纪 70 年代倡导了我国的基因与基因工程研究，90 年代又积极呼吁开展基因组研究，并为此上书党和国家领导人，为成立国家人类基因组研究中心、中国参与国际人类基因组计划创造了有利条件。谈老多次耳提面授：我国科学界应积极抢占科技发展的战略制高点、中国科学家应积极参与重大的国际科技合作计划并在其中发挥日益重要的作用。也正是秉承谈老的宏愿，2002 年我带领中国科学家团队倡导并总体设计、组织、领导了国际人类肝脏蛋白质组计划，开创了中国领导国际计划的先例，并尽力推进了国内蛋白质组学的研究与普及，使我国成为继美国之后的蛋白质组学研究大国（国际组织以从业人数及国际核心刊物发表文章及其引用数估计）。正谓：江湖浴夜雨，桃李沐春风。

谈老年轻时即已名闻遐迩、位高权重，但他从不固步自封，而能与时俱进，始终关注学科前沿与最新动态。此方面甚至让我等年轻之辈汗颜。2004 年 3 月，我应母校之邀，牵头组建生物医学研究院。其间，我登门拜访了谈老，向老人家简要汇报了我们的建院构想。出乎我意料的是，老人家不顾 96 岁的高龄，执意起身拿给我一袋英文文献："Systems Biology"（系统生物学，国际上刚刚兴起的前沿领域）！更让我诧异的是，文献中留下了大量标记和先生的随笔！老人家侃侃而谈，显而易见其对系统生物学的把握、领悟与瞻望绝非一般人预料的浅尝辄止、雾里看花，因而当场令晚辈折服！随之，谈老对系统生物学的青睐，更加坚定了研究院"以重大疾病为目、以系统生物学为纲"建院方针的确立。这正应了杜公的千古吟唱：《春夜喜雨》，润物无声！

　　谈老是一座高山，高山仰止，门徒们有幸可以望其项背；谈老是一条大河，源远流长，学生们欣喜可以推波逐浪；谈老是一部天书，聚精会神，探索者乐得索微探幽。谈老，青山百年不见老，生之典！谈老，历经万难仍逍遥，命之范！

AMMS精神[1]

今天，我们欢聚一堂，举行隆重的研究生毕业典礼和学位授予仪式。在此，我代表全院同志向圆满完成学业的 136 名博士研究生、167 名硕士研究生和 40 名在职申请硕士学位人员表示热烈的祝贺！向为你们的成才倾注心血和汗水的导师以及全力支持你们的家人和朋友们致以诚挚的谢意！

几年来，你们在知识的海洋遨游，在科学的道路上求索，在不断充实和超越自己的同时，为我院科研事业创新发展做出了积极贡献！实验室深夜的灯光里，留下了你们奋斗的青春、梦想的见证、求索的足迹。我们共同构建了共和国的防疫铁军，我们共同打造了共和国的"三防"铁军。"岁岁年年情相似，年年岁岁人不同"。在这令人激动和难忘的时刻，在你们即将踏上崭新征程，开启职业生涯之际，作为你们的兄长、学长、导师和院长，我首先提议我们一起重温我院阿姆斯精神。

人一出生就打上了生命的印记，那是父母生命的印记。当我们走出大学校园，走进军事医学科学院大门之后，我们就无一例外地打上了我们职业生命的印记，

---

1 在 2010 年研究生毕业典礼上的致辞，2010 年 7 月 15 日

这就是 AMMS。英文简称 A、M、M、S。

我们总是在讲 4D，最近我也反复查看各个大学校长在毕业典礼上精彩的离别赠言。目前最引起网络和媒体关注的是华中科技大学校长"根叔"。但引起我更深层次思考的是天津大学校长龚克的讲话，他讲到了人生的三维。我想三维可能不够，我想给大家讲讲 4 维——4D，这 4D 是什么？我百思不得其解。今天上午下班前，我突然想到，4D 恰好就是我院的阿姆斯精神。下面让我们重温一下 4D 的阿姆斯精神。第一，就是 A，ACADEMY，它最早在古希腊语里出现，代表学院，所以这个 A 就代表着学院派精神。学院派的精神实质是什么？就是基础坚实、技术精到和学术卓越。请你们记住，阿姆斯精神的第一点就是学院派精神，而学院派的实质就是基础坚实、技术精到和学术卓越。第二个 D，就是 M，MILITARY。这是一种军人精神，一种行伍精神。行伍精神我总结为 12 个字，第一是勇往直前。军人要无往不胜，其中首当其冲的是勇往直前。"苟利国家生死以，岂因祸福避趋之"，这是军人首要的信念支持，这是战斗精神。其次是同舟共济的团队精神，我军许多将士入伍前可以说是散兵游勇，素质参差不齐，但是经过军队大熔炉的锤炼，他们都具有了勇往直前、无往而不胜的力量，这是为什么？很重要的一点就是因为他们具备了同舟共济的团队精神，也就是行伍精神。第三点就是视纪如铁，视纪律高于一切，高于生命。视纪如铁的组织观，铁的纪律观。所以我们将行伍精神解读为：勇往直前、同舟共济、视纪如铁。第二个 M，MEDICAL，大医精神，就是救死扶伤、治病救人。第四个 D 就是 S，SCIENCES，我将其概括为"三求"：求知、求实、求真，这是科学的立意和要义；"三创"：创见、创新、创造，首先在思想上有创见，在方法上有创新，在实践上有创造。因此，我认为"三求"和"三创"是科学精神的要义。在座的部分同学会留在军事医学科学院继续学习和工作，大部分同学将离开军事医学科学院，我提醒你们一定要打上、刻上、铭刻上阿姆斯精神的烙印。

在重温了我院阿姆斯精神以后，我提三点希望：

一、品学兼修，和谐发展

教育的目的在于塑造人格。完美的人生不仅需要学识的增长，更关注品格的完善。中华民族历来以诚信为本，"人不信于一时，则不信于一世"。同学们在即将开始的科研生涯中要摒弃不良风气的影响，秉持实事求是的科学态度，严守学术道德规范，珍视自身学术声誉，用自己的智慧和汗水诠释科学的价值。同时，要正确对待人生和事业的得失成败，人生不可能一帆风顺，只有敢于正视失败并从失败中重新站立起来的人才有可能达到成功的彼岸，大家应以积极乐观的心态迎接人生和事业的挑战，愈挫愈勇，永不言弃。品格决定未来，同学们在今后的学习和工作中要全方位修炼和陶冶自身的品格与情操，不断历练和完善自我，做一个身心健康、诚实守信、和谐发展的智者、强者。

二、敢为人先，追求卓越

科学是人类文明的灯塔，而创新则是科学的灵魂。同学们正处于人生中思维最敏捷、思想最活跃、体力最充沛的阶段，一定要饱含创新的激情，努力在科研实践中挥写创造性的华彩乐章！创新不仅需要执著和勤奋，更需要指点江山、力挽狂澜的气魄和敢于标新立异、惊世骇俗、惊天动地的勇气！"芳林新叶催陈叶，流水前波让后波"。我们所有导师期待着同学们的超越，全院上下期待着同学们的凯旋。

三、志存高远，报效祖国

古往今来，凡成大事者，必胸怀大志。正所谓梦想有多远，你就能够走多远。志向与理想，不仅是成就卓越的必要条件，更是人一生的追求和动力的源泉。同学们都是经历研究生教育的高层次科技人才，理应博学笃行、志存高远，既要修身、齐家，更要治国、平天下。要将民族的复兴、国家的昌盛、自我目标的实现结合起来，永不自满、永不懈怠，以开阔的视野、宽广的胸怀把握时代要求，找准自己的人生坐标。不仅要仰望星空追求境界高远，更要脚踏实地勤于实践，在民族伟大复兴的历史进程中建功立业。

同学们，即将告别的研究生生活，必将成为你们人生中最美好、最珍贵、最值得怀念的记忆。军事医学科学院不仅是你们梦想放飞的起点，更是你们永远的精神家园。当你们获得成功时，让我们共同分享喜悦；当你们身处逆境时，请把我们作为坚强的后盾和靠山！

同学们，生命科学的浪潮已在全球蔚然兴起，我们要勇立潮头！中华民族正处于伟大复兴过程中，我们要争当先锋！请牢记今天，今天是你们人生和事业的崭新起点，从此走向更为广阔的舞台，去创造无愧于时代、无愧于青春的辉煌！

最后，祝同学们前程似锦！祝同学们美梦成真！

博学求是　忠诚卓越[1]

　　各位同学，从明天开始，你们将陆续离开母校，走向新的岗位、奔向更广阔的天地。在这个隆重而庄严的时刻，在这个依依惜别的时刻，我作为你们的学长、师长和院长，愿把我院院训"博学、求是、忠诚、卓越"这八个字作为临别赠言，与大家共勉：

一是要秉承"博学"的精神。

　　我国伟大的思想家、教育家孔子说过："吾尝终日不食，终夜不寝，以思，无益，不如学也。"意思就是哪怕你废寝忘食，空想，也是无益，非学无以进步。他是这么说的，也是这么做的。纵观人类历史，所有名师大家无不学贯古今中外、集大成于一身。今天，同学们通过不懈努力，拿到了令人羡慕的硕士、博士学位，实现了人生的又一次跨越，为未来的发展奠定了新的更高起点。但我还是要提醒大家，"硕士"、"博士"，顾名思义乃硕学、博学之士，大家是否已名副其实？之所谓"立身百行，以学为基"。"君子博

---

1 在 2012 年研究生毕业典礼上的致辞，2012 年 7 月 12 日

学于文，约之以礼"。将来，同学们无论是继续科研，还是转行其他，要想真正有所作为、有大作为，就必须秉承博学的精神，以执着的信念，聚精会神，博采众长，潜心钻研，以成一家、以达一业。人类与动物的根本区别在于能否积累知识；现代人与野蛮人的根本区别在于有无文化；学生与学者的根本区别在于有无知识的创造、文化的创新。学，是智者的本色、底色；博学，是慧者的本色、底色。硕士、博士，均应是饱学之士。昨天的博学，成就了我们的今天；博学，无疑是我们昨天的立身之本、立命之魂；没有博学，就没有我们的今天。同样，今天的博学，将成就我们的明天；博学，必定是我们明天的立业之基、立世之根；没有博学，就不会有我们成功的明天。

二是要胸怀"求是"的胆识。

求是，既基于求实，又高于求实。我国著名科学家竺可桢先生曾经这样解释什么是"求是"，自成一家之说。他讲到："求是就是要排万难、冒百死以求真知。"在追求真理的过程中，我们不乏揭示真理的渴望、发现真理的慧眼和追随真理的步伐，但当面对权威的挑战、公众的质疑和名利的诱惑时，又有几人能够有勇气执着地坚持真理呢？因此，求是不仅要有科学的精神和渊博的学识，更要有勇于标新立异、敢于坚持真理的胆识。同学们，科学创新的道路从来就不是、也不可能是一马平川和一帆风顺的坦途，更多的将是崎岖和荆棘，甚至是悬崖和深渊，一路相随我们的将常常是独上西楼、望断天涯路的寂寥和千折百回、百死一生的痛楚。同学们，你们经历了20来年的寒窗，冬去春来，文明之种、智慧之花正迎着真理之光、世纪新辉萌芽、绽放；你们正拥有着人生中最绚丽的金色年华，正处在人生中思维最敏捷、最富创造力、最赋革新精神的建功立业最好时节！希望你们在由学生向学者蜕变的"凤凰涅槃"过程中，在独立从事科研创新的风雨如磐征程上，在波澜壮阔的社会实践与永远进击的多彩人生追求里，能始终秉承我院"严肃、严格、严密"的优良传统，以崇尚科学之心、排除万难之志、求真务实之风，不唯书不唯上，不崇洋不崇占，以不屈不挠的意志，以顶天立地的气概，勇于追求真理，敢于登峰造极！

三是要坚定"忠诚"的信念。

对军人而言，忠诚是一种基本的德行；对军队而言，忠诚是一切力量的源泉；而对于军事医学科学院人而言，忠诚就如一座根深叶茂的参天大树，风雨不惧，雷霆不畏。因为忠诚的信念，61 年前，一批批像蔡翘、朱壬葆、周廷冲、黄翠芬这样的大师、名家，为了崇高的使命和理想，从世界各地和祖国的四面八方汇聚于此，创立了我军第一个科学院，创业者们用他们滚烫的热血和燃烧的青春铸就了忠魂、锻造了赤诚。因为忠诚的信念，61 年来，一代代医科院人始终着眼"国之盾、战之卫、兵之护、民之柱、世之鼎"的使命，殚精竭虑、励精图治，才创造了举世瞩目的甲子辉煌。这也正如《院赋》所概括的"几代忠魂，凝铸坚盾；万千赤胆，接力征程"。同学们，你们作为民族复兴新时代的开拓者和军事医学薪火的传承人，一定要大力弘扬我院以"特等奖"精神、院士精神、"防疫铁军"精神和"三防"铁军精神为核心的医科院精神，永远牢记并竭力实践《院歌》所唱："肩负和平使命、胸怀民族危亡，满腔热血在奋进中激昂；破译生命密码，播撒大爱无疆，壮美人生在奉献中荣光！"用忠诚大写我们的青春！用赤诚特写民族的复兴！

四是要笃行"卓越"的追求。

出乎其类、拔乎其群，这是万物进化的源动力！人类不耻于所有动物的爬行，因而直立！现代人类不耻于愚昧，因而走向文明！中国共产党人不耻于丧权辱国，因而创立人民共和国！中国共产党人不耻于贫穷落后，因而改革开放！卓尔不群，"卓越"，这是历代仁人志士的不竭追求。超越是卓越之矢，卓越是超越之的。61年来，正是因为"追求卓越、实现超越"的信念与勇气，激励了一批又一批从这里走出的莘莘学子，历经磨炼，不畏辛艰，大胆超越，创造出了许多个全国第一、全球第一。同学们，面对汹涌澎湃的科技洪流和势如破竹的改革大潮，希望你们能够树立卓越的理想和远大的抱负，超越自我、超越前人、超越时代，成为在各自领域、各行各业独树一帜、引领时代、引领未来的卓越人才。我们必须以卓越的追求、卓越的行动，成就超越、成就卓越！卓越，是医科院的院训！卓越，是医科院人追求的品格！卓越，是医科院人应有的本色！

同学们，即将告别的研究生生活，必将成为你们人生中最美好、最珍贵、最值得怀念的记忆。值此离院的独特时刻，我想提请大家一起，齐声背诵我们的院训："博学、求是、忠诚、卓越"！齐声背诵我们的院风："严肃、严格、严密"！同学们，相信你们今后不论身在何处，一定会铭记"博学、求是、忠诚、卓越"的院训，发扬"严肃、严格、严密"的院风，践行"心系家国，背负苍生，胸怀天下，竭诚为民"的院赋，将"生命卫士、卫勤劲旅"的院歌唱响三军、唱遍祖国。同学们，请大家相信，军事医学科学院不仅是你们放飞梦想的起点，更是你们永远的精神家园。你们的成功，将构成军事医学科学院辉煌的半壁江山！母校，必将以你们为骄傲！

卓越成就梦想[1]

7月是丰收的大好时节，今天是放飞梦想的大好日子。此时此刻，我的心情和大家一样，既激动满怀，更依依不舍；我既为同学们的羽翼丰满而欣慰喜悦，又为同学们的振翅高飞而挥手难别。三年前，大家抱着穿上学位服的期望，怀着求学成才的志向，从五湖四海，汇聚医科院这座最高军事医学殿堂，在这片圣地踏上了追求卓越、成就梦想的求学、问道、成才之路。3年来，大家沐阳光、润甘露、披星月、挥汗雨，悬梁刺股、焚膏继晷；晨光夕露的花园里，洋溢着你爽朗的书声；绿树掩映的楼宇间，闪现着你们青春的情影；催人奋进的组画前，留下了你们深情的遐思；严谨慎密的实验中，镌刻着你们执着的情怀；同学们以蓬勃之势、奋进之姿，攻克了一道道学问难关，攀登上一座座科学高峰，践行了"博学、求是、忠诚、卓越"的院训和"严肃、严格、严密"的院风，谱写了美妙纷呈、精彩动人的青春华章。同学们二十载春夏寒暑，一挥间左右流苏；磨剑经年，青锋得展；苦尽甘来，凤愿以还。此时此刻，人生，博览群书尽得欢颜；学业，硕果累累衣锦远乡。典礼过后，同学们

将踏上新的征程。在此，我用三句话为大家壮行。

第一句话：勇于创新。每个人出生时都是原创，可悲的是，很多人却渐渐变成了盗版，变成了山寨版。生命，感性上为生机，就是"新"；理性上为命运，就是"创"。因此，生命的本质，就是创新。正是创新，赋予万事万物以灵动的"生命"。创新，是推动历史进步的不竭动力，是推进社会发展的力量源泉。中华民族是富有创新精神的民族，创新精神是中华民族最鲜明的禀赋。"十一五"期间，党中央提出建立自主创新型国家的战略目标；"十二五"伊始，党中央部署实施"创新驱动发展"重大战略；十八届三中全会又就全面深化改革、推进创新驱动，明确时间表和路线图。可以说，当前围绕改革、创新、发展，各行各业呈现百舸争流、千帆竞发、万马奔腾的态势，各项事业勃发出无限生机、无穷活力和无比希望。我们恰逢盛世，正迎面千载一逢的伟大民族复兴！民族复兴大潮必然孕育中国的创新潮！中国的创新潮必然带动东方的崛起！而崛起的东方必然兴起人类文明崭新的时代！作为历史的幸运儿、时代的佼佼者，我们必须抢抓机遇，勇立潮头，积极投身创新洪流，竭力铸就时代新锋。一是要树立创新理念。任何事业的优劣成败，根本原因在于理念。对于科研来说，创新的理念就是出类拔萃的起跑线。从我院科研的重大实践和成果看，30年前，我们摘取我国卫生领域唯一科技进步特等奖而问鼎中华，靠的就是"三防"领域独立于世界的创新理念；10多年前，我们担纲"人类肝脏蛋白质组计划"、开创中国科学家领衔国际重大科技合作计划先河，靠的也是最前沿的创新理念；最近，我们率先提出"国家安全生物疆域"思想概念和"生物科技引领下一轮军事革命"战略判断而超越前沿，靠的更是独到的创新理念。希望同学们在科研创新上，要敢为人先、领异标新，拿出"初生牛犊不怕虎"的劲头，剑指昆仑，锁钥珠峰，在不断"寻山""登峰""造极"中顶天立地，干出个一鸣惊人来，干出个名垂青史来。二是要坚定创新意志。科学的本质，是在千万次失败后取得最后一次成功。胡适有句名言：大胆假设、小心求证。创新往往与失败为伍，创新程度越高失败挫折越多，创新之路无坦途，这是创新的铁律！泰戈尔说过：除了通过黑夜的道路，无以到达光明。创新，需要长期积累、反复实践、坚持不懈，创新者在其"万里长征路"上的成功率远逊于九死一生，唯有坚持"不抛弃、不放弃"方能最终胜利地到达"延安"。"天将降大任于斯人，必先苦其心志，劳其筋骨，饿其体肤，空乏其身。"真理，从来不爱轻浮之辈、从来不近浅薄之徒！发现，只垂青有准备的头脑！三是要追求创新境界。科研始终是对未知领域、未知世界的不断探索。了解事物本质、掌握科学规律、洞悉客观真理，需要创新的理念和坚强的意志，还需要创新的方法和境界。科研的目的，就是要找到开启真理之门的"金钥匙"。创新研究的过程，本身就是开辟未知领域，创造新生事物。"研究"两个字，顾名思义一"研"二"究"，是穷其力于研，竭其心于究，创新境界其本质就源于此。同学们唯有"台下十年功"的厚积薄发、"十年磨一剑"的精益求精、"十年如一日"的执着坚守，方能"独上高楼，望断天涯路"，终能"众里寻她千百度，蓦然回首，那人却在灯火阑珊处"。

　　第二句话：追求卓越。人有两"母"：一是生物性上的母亲，二是社会性上的母校。母亲，孕育了我们的体魄；母校，培育了我们的灵魂。"卓越"，就是我院八字院训的灵魂。"卓越"二字，凝炼着全体医科院人的共同理想和价值追求，是我们的院魂，也是所有学子应该拥有的灵魂。我常讲，在科学的探索之路上，每个人，尤其是年轻人，都要有凌顶珠峰的雄心，要站在珠峰上观大势、瞻未来，"登珠峰而晓天下""登珠峰而小天下"。这就是我常讲的"卓越"。超越是卓越之矢，卓越是超越之的；成就卓越，定能超越。60多年来，正是因为"追求卓越、不断超越"的信念和勇气，激励一代代医科院人，历经磨难，不畏艰辛，大胆超越，我院才创造出许多彪炳史册的大奖、大为和大师，挥写了第一个甲子风华。同学们即将离校，作为医科院的学生，希望你们永远铭记院训，将卓越的理念、卓越的品格、卓越的本色，化为终身坚守、不懈追求、永不褪色的基因、信念和灵魂，努力做到卓尔不庸、卓尔不群、卓尔不凡。一是要在提高标准中追求卓越。古人云：取法其上，得乎其中；取法其中，得乎其下。说明标准高低，决定人的成就大小和发展高度。亚里士多德曾说：优秀是一种习惯。我想套改一下：卓越也是一种习惯。我们追求卓越以使其成为一种习惯，就必须始终坚持卓越的标准，树立不断超越的志向，像我院的大师名家那样，为人，则恪守光明磊落、忠诚纯洁的高尚情操；为学，则固守孜孜求知、执着穷真的科学精神；为师，则笃守躬身为桥、挺身作梯的宽阔胸怀。二是要在不断超越中追求卓越。知人者智，自知者明，胜人者力，自胜者强。落伍者，只有超越先行，才能成就卓越；先行者只有超越时代，才能成就世范；世范者只有超越自我，才能成就不朽。人类各个领域、各个时代，唯有超越能成就卓越，唯有不断超越方能成就不朽，仅此一途，别无他路。大家获得学位，仅意味着学业的毕成，同时也标志着事业的开启；换句话说，是一"毕"一"开"，是学业"毕"、而事业"开"。当今世界，科技革命、军事革命正现端倪；当代中国，政治、经济、社会、军事、文化等，均处于急速转型期。各位，要想在未来有所作为、有大作为，必须不断超越自我。自我超越之道，就是逆水行舟，不进则退；而出类拔萃之道，更如百米赛跑，小进也是退。概言之，只有不断超越，方能立于不败之地。三是要在学习继承中点化卓越。超越是推陈出新，卓越是登峰造极。卓越的院训源于我院60年院史凝炼形成的精气神。精气神的"精"字，就是我院历史的精髓精粹——爱党爱国爱军爱民，"精"点化为"爱"字，体现了医科院人的崇高品质和卓越情怀；精气神的"气"字，就是我院历史的气度气魄——博学、博用、博行、博远，"气"点化为"博"字，体现了医科院事业的博大精深和卓越境界；精气神的"神"字，就是我院历史的神采神韵——至高至尖、至尊至伟，"神"点化为"至"字，体现了医科院作为的顶天立地和卓越建树。希望同学们弘扬光大院史，把我院的卓越情怀、卓越境界、卓越建树，点之于心、化之于行，像医科院的前辈那样，不断超越自我、超越前人、超越一流，努力成为各个岗位、各项专业、各自领域独树一帜、引领前沿、引领时代的卓越之士。

第三句话：超越梦想。动物比植物具有的最人优势，在于能够超越；人类较动物的最大进化，在于拥有梦想；而人与人间之差、民族与民族之别，也大都在于梦想的境界之分，以及圆梦的天地之距。当今世界，大家都在谈论"中国梦"。"中国梦"，不仅激荡神州，而且振动全球。中华民族，自古就与梦结下不解之缘，"嫦娥奔月""周公解梦""庄周梦蝶"等构成了传统文化的典型符号。纵使在积弱积贫的 20 世纪初，美好的梦想也还是在这块多灾多难的土地上憧憬不断，如爱国学子的"奥运三问"，梁启超的"无端忽作太平梦"，进步青年的"世博梦"，还有革命先行者的"进藏铁路梦""三峡大坝梦"。今天的中国，不仅奥运梦、世博梦、进藏铁路梦、三峡大坝梦均已成真，实现了先人难以企及的飞天梦、潜海梦、航母梦。更应了梁启超的"放眼昆仑绝顶来"，14 亿海内外炎黄子孙正乘风破浪、鹏举中华民族的复兴梦！这将是新世纪、新千年人类社会最伟大的"梦"！复兴的中国必将再次引领全球，中国的青年一定引领人类的未来！同学们生逢其时，年轻人责无旁贷！一是要仰望星空追逐梦想。"梦"是心灵的引擎，"梦"是理想的家园。梦想，是日月，是明灯；梦想，在艰难困苦中赋予人力量；梦想，在长长黑夜中指引人航程。黑格尔有句名言：一个民族有一些关注天空的人，他们才有希望；一个民族只是关心脚下的事情，那是没有未来的。曹操有条壮语：夫英雄者，胸怀大志，腹有良谋，有包藏宇宙之机，吞吐天地之志者也。"青春是人生最快乐的时光，但这种快乐往往完全是因为它充满希望，而不是因为得到了什么，或逃避了什么。"这种希望就是我们自觉或未觉的梦想。希望同学们放眼世界、展望未来，把个人的小梦想融入强国、强军的大梦想中去追逐、去实践，真正用大视野、大胸襟、大情怀成就个人的创新梦、卓越梦。二是要脚踏实地实践梦想。思者常达，行者常至；丰碑无语，行胜于言。"生命是一条长长的打着结的绳子，每一个结都是人生的刻度，丈量着人生的宽广和深厚"。曹操与刘备煮酒论英雄说：龙能大能小，能升能腾；大则兴云吐雾，小则隐介藏形；升则飞腾于宇宙之间，隐则伏于波涛之内。人们常会拥有"会当凌绝顶，一览众山小"的雄心，但常忘了海拔越高、负荷越大，氧气越少、温度越低，攀登越发艰难，登顶时则更是寸步难行，因此常常准备不足而无功而返，甚至命丧半路。以此为戒，我们实践梦想，既要仰望星空，又要脚踏实地；万丈高楼平地起，要学会不断"归零"，从零开始，从头起步，从小事做起，从现在做起。只要我们立足岗位，勤勉敬业，不懈进取，就一定能滴水穿石、集腋成裘、聚沙成塔。梦想就在脚下，卓越就在前方。三是要敢于担当成就梦想。古人言：以天下为量者，不计细耻；以四海为任者，不顾小节。今年"五四"青年节，习总书记与北大学生座谈时，多次提到"担当"二字，充满了对青年一代的期望，期望你们能够成为勇于担当、敢于担当的一代青年，担当起党和人民赋予的历史重任。我理解，这份担当，与我院大院造就大师、大师受命大任、大任成就大为的历史担当一样，是一种对国家对民族的担当，对科学对真理的担当，对使命对未来的担当。古往今来，梦想如"灵"，担当为"魂"，有灵无魂事不成；梦想如"气"，担当为"魄"，有气无魄业难卓。所以，我们追求卓越、成就梦想，唯有担当的精神与胆识、担当的本领与作为，才能为国家为人民、为历史为未来，承担更多的责任，建立更大的功勋。历史表明，担当必然成就卓越，卓越一定成就梦想。

同学们，你们毕业于卓越的母校，成长于伟大的梦乡；卓越已在你们心上，梦想正在你们前方。临别之际，我作为前辈，希望你们持恒守笃、精学厚德；作为导师，希望你们抱朴弘毅、建功立业；作为校友，希望你们明理达道、乐群敬业。总之，希望你们勇于创新，追求卓越，超越梦想；祝福你们以创新成就卓越，以卓越超越梦想！

人生四则：上、止、正、王[1]

人生如虹，风雨如鹏，非风雨不可举七彩霓虹；人生如弓，曲折如绷，惟曲折方能射万里长空。七月，是学业的丰收季，自然会弹冠相庆风雨后的彩虹；夏期，是人生的望星季，因此要登高望远拟长征的星空。作为学长、师长，在大家临别前，我以四字相送。

师者，父母心。千年古谚：父望子成龙。龙，即我们常说的王者。我先就"王"字和大家做个拆字游戏："王"者，折腰为"正"；"正"者，埋首为"止"；"止"时，否定为"上"。反过来，"上"到何处？上到"止"处。止到何处？止到"正"处。正到何处？正到"王"处。在此，我想送给大家的四字，就是"上、止、正、王"。依我之浅见，它们分别代表了人生的起点、拐点、支点和顶点，从而构成人生四则。

一、上（向上）

"上"的本义是"高处"，作动词讲时指"从低到高"。从字形上看，"上"字，

下面的长横代表着地平线，是我们人生的原点，先天属性，这是不由我们自己决定的；"上"字的短横和竖线，则分别表示一个人在大地上的直线"行"走和纵向"越"升，二者构成我们的后天奋斗。广而言之，行，是宇宙万物之本；越，是人类万众之魂。虽然人之初的人们彼此间差别不大，但通过个人努力，结局将出现千差万别。由行、越立体构成的"上"，无疑是人生奋斗的起点，是人生奋斗的根。

一是乐于行。"上"之基为行。"坐地日行八万里，巡天遥看一千河"。行，源自万物本能，成就万类世界。人类，属于生物、动物、灵长、智人；因此，生物之生、动物之动、灵长之灵、智人之智，乃天经地义。但是，人群中逆天违地的怪象却屡见不鲜："生"者死，"动"者僵，"灵"者钝，"智"者愚，"死""僵"之流远离"生""动"，行尸走肉者"灵""智"无存。长此以往，人类必自毁前程！而与此相反，《易经》开篇就说："天行健，君子以自强不息"。各位学友，二十年寒窗苦读，理论根基扎实，但要切记，纸上得来终觉浅，绝知此事要躬行。知识是宝库，而开启这个宝库的钥匙是实践，是践行。知易行难，古今亦然；但行者历来无畏，惟有行者方能无疆。

二是善于越。"上"之本为越。"雄关漫道真如铁，而今迈步从头越"。越，也是行，但严格说来是"飞行"。"杳忘三际，超越上乘"。超越是生物界从物质世界出类拔萃、人类从生命世界出神入化的原动力。冯友兰先生认为人生有四种境界，而进入这四种境界，我认为必须实现四种超越：超越自然，自觉地使自然界满足自己生存的需要，进入生存境界；超越生存，意识到人的主体地位而追求非物质目的实现，进入功利境界；超越自我，崇尚人作为"类"而存在，并努力使"小我"溶于"大我"，进入道德境界；超越人类，理性地达到人与自然的和谐，进入天人合一境界。

人之生有涯，但行者可致远无疆；人初起于平，惟越者为万山之峰。生命是一条长长的打着结的绳子，每一个结都是人生的刻度，丈量着人生行与越的宽广和深厚。思考者常见，惟有行者到；丰碑自无语，行定胜于言。

二、止（知止）

"止"，本义为脚趾的"趾"，引申出"到、至""止息、控制"。古言道："小智惟谋，大智知止；过犹不及，知止不败"。人间万众，上之心生敬，敬之意生畏，畏之为自止。因此，古往今来，上进者，自畏；敬畏者，自止。古今中外，自畏者众，则德行天下；自止者寡，则天下无序。

一是畏止。"止"，关乎每个人的荣辱胜败，"止"与"不止"间，是一道成功和失败的分水岭，更是大成就者与平庸者的分界线，甚至对于一个赌徒，一个止字就决定了一夜暴富还是倾家荡产。曾国藩说：心存敬畏方能行有所止。"畏则不敢肆而德以成，无畏则从其欲而及于祸"。因此，"止"是人生的拐点。你们从校园走向社会，一定要知方圆、守规矩，清楚地知道什么能碰，什么不能碰，什么能为，什么不能为，既要守住人生的底线，更要守住法律的红线。否则，一失足，成千古恨，再回首，已是百年身，多少梦想，都将化为乌有。

二是笃定。《大学》开篇说："知止而后有定，定而后能静，静而后能安，安而后能虑，虑而后能得。"定，归于一。"神谟自坚定，豺虎莫恫疑"。气沉神安历来是思远、行长者的定心盘，因而有"一心定而王天下"。我们正处于一个大破大立、湍险流急的崭新时代，这个时代既孕育新物，又泥石俱下，导致社会上物欲横流、伦纲不张。学友们即将奔赴四方，临行时推荐三定：一是神定，神思聚则力量巨，神定之重在止贪念、控妄欲；二是身定，足定坚则体如磐，身定之要在咬定青山、水滴石穿；三是行定，精卫填海、愚公移山，定定军山者定天下。

三、正（守正）

"正"，本义为"征"，指"行军征战，讨伐不义"，引申出"中正、公允""最高标准、根本依据"。古言道：天地，为形神之正；圣人，为德之正；法令，为四时之正。正，是天地万物的准则，天地以正立，正立天地心。同理，人以正气立，事行正道屹。阿基米德说：给我一个支点，我就能撬起整个地球。正，就是人生的支点。

一是养正气。"人之生，气之聚"。中国文化中，"正心"是格物致知到修齐治平由物及人、由己及人的转折与核心，而"正心"本质是养浩然正气。孟子说：富贵不能淫，贫贱不能移，威武不能屈。汉字中，凡是上下各有一横的，上面一横叫顶天，下面一横叫立地，"正"字就是如此，这就叫顶天立地、堂堂正正。岳飞精忠报国，荆轲刺秦金诺；文天祥"人生自古谁无死，留取丹心照汗青"；谭嗣同"我自横刀向天笑，去留肝胆两昆仑"；浩然正气滋养我九州大地，划破我中华长空！

二是走正道。"正者，事之根"。天下有道，道之本为空，空之动为时；空动生时，时动生机，机动生形，形生万物。这就是人间正道。自古就有："正道不殆，可后可始。乃可小夫，乃可国家。小夫德之以成，国家德之以宁。小国德之以守其野，大国德之以并兼天下。"中山先生说："世界潮流，浩浩荡荡，顺之则昌，逆之则亡。"可见，道济天下，惟有正道。正道是，天下为公，天下为民，天下归心。

四、王（外王）

董仲舒说：古时造文，三横连其中，称之"王"。三横，分别代表天、地、人，而贯通者，就是王者。因此，"王"，除起初特指九五之尊的国主帝王，常泛指雄霸一域（地域或领域）的一族一类首领以及各行各业的领袖群伦者。史往今来，无王者，则无王业；无王业，则无历史。"王"，无疑是人生与时代的顶点。

一是志王者。"内圣外王"，是两千年来中国智者一直的梦想。《庄子·天下》对此作了高度概括："判天地之美，析万物之理，察古人之全，寡能备于天地之美，称神明之容。"各行各业中，王者的"神明"，均在于立天地公心。王者无敌，只因其无一己之私而胸怀天下，所以使追随者众往，而得天下之脊梁。王者一统，正是其登高望远、独断乾坤，因此一呼天下应，开元集大成。"五德生王者，千龄启圣人"。人要成人物，惟有持之以恒。人要成王者，惟立天地公心。

二是兴王业。事，只有做久了，才能成为事业。只有成就王者的事业，才能叫王业。王业有如北斗，照亮历史长空。历史一再表明，每个不曾起舞的年代，都是对时代的辜负！而只有王业才是时代的舞者、时代的台柱。各行各业、任何时代，王业从来都是历史的绝响、时代的强音、未来的先声，三者必居其一。每个时代，都有其自己的王业。当今世界，人类在相继凭借"物之力"完成农业革命、竭尽"能之力"实施工业革命后，正志力于解放宇宙间物之极、理之际、惊天地、泣鬼神的"智之力"，以发动人类文明史上再造乾坤、登峰造极、汇集大成的智业革命！人类的前程又到了一个新的转折点。

中华文明，开智、明慧 5000 余年，特立于人类历史；中华民族，十四万万之众，自强不息、足及全球，遍行于时下世界。日出东方，王者归来，可期新的时代，我们一定能成就人类有史以来最伟大的王业！

综上，我们讨论了四字：上、止、正、王。"王"者，折腰为"正"；"正"者，埋首为"止"；"止"时，否定为"上"。反过来，向上，上到何处？上到止处。知止，止到何处？止到正处。守正，正到何处？正到王处。它们分别代表了人生的起点、拐点、支点和顶点，从而构成了人生四则，在此与学友们共勉。

危 与 机

危机，死生之悬、存亡之系、命运之脉；命，在掌其危，运，在握其机。老子道：祸兮福之所倚，福兮祸之所伏。危机，因其祸机四伏、瞬息万变，使其应对常因差之毫厘，而致失之千里。自然，庸者、凡生，面之无不胆战心惊而束手无策，或逃之夭夭，或被其吞没、埋葬，因而常是其生死场与断头台。危机，也常使将一战而不朽、族一争而雄立、国一胜而突起，因而它常是雄韬大略者的阔海空天。简言之，危机是英雄与亡寇的分水岭、战略魔术师的试金石、领袖与统帅的"成人礼"。

当前我国正开启千年一遇的民族复兴征程。复兴之要，不在"复"——不是简单的历史回归，而在"兴"——应该是更多的革故鼎新。器以力行，人以魂立。而作为"民之魂"的文化，其自醒与自新是一切革故鼎新之根本。通过本专题学习，体会有二：一是必须清除守成劣根性，强化民族危机感，完成"盛世之危"的理性觉醒；二是坚决纠正文化偏执，完善民族危机观，根植危机之"机"的文化基因。

一、强化危机感，完成"盛世之危"的理性觉醒

一个国家、一个民族，贫穷就要受欺，落后就要挨打！这是历史的铁律！这

是人类的通则！鸦片战争以来，苦难深重的中华民族一直在受欺、一直在挨打。中国共产党人背负民族的期望，带领人民奋争 28 年，建立人民共和国，宣告中国人民站起来了，宣告中国受欺、挨打的局面一去不复返了！建国 60 余年来，我党又带领人民逐步甩掉了贫穷、落后的帽子！我们可以理直气壮地说：中国人民富起来了！十八大提出的"两个百年目标"不仅将标志着数千年来中华民族"小康社会"梦想的实现，也将标明着近两百年来中华民族"现代化"理想的实现。

但是，此刻我们必须清醒地认识到：近现代中国历史表明"富裕并不等于富强"！贫穷、落后，肯定是危机！但富裕而不自强，更是危机！晚清的历史，就是血训！康乾盛世后、鸦片战争前，中国 GDP 不仅世界第一，而且遥遥领先于第二国。清朝政府的闭门锁国锁住的仅是"泱泱大国"富国而不强国的时代步伐，锁不住的恰是世界列强的坚船利炮及对我的分赃瓜分与割地赔款。此时，中国并不贫穷，而是恰恰相反——"天朝大国"富甲天下！但富饶而富裕的中国自然沦落成诸列强垂涎的"肥肉"！贫穷，是在被反复的瓜分、连续的巨额赔款之后才出现的。可见，富裕所换来的不是列强的尊重，而是其强取豪夺的贪婪！这就是"盛世之危"！

历史并未走远，前车还在眼前！但我们这个民族总是不断"健忘"。而灭顶、亡族之血训本来是最不该被"健忘"的。当前，已站起来、正富起来的中国其主导民意中自以为"富裕的中国必然是强大的"，强大到无人可欺、无人敢打的境地。实则是，我国当前经济社会文化的国际地位比较优势远非清朝，即使"两个百年目标"实现后其国际地位也很可能达不到清朝时的我国地位优势。晚清既然都遭遇了灭顶、亡族之血灾，未来我们何以避免？这是典型的自欺欺人！"富裕而不富强"的中国必然重蹈清朝末年的覆辙！"盛世之危"又已到当前，但我们茫然无知！

中国，作为最大的社会主义国家，最大的发展中国家，人口最多、发展最快的国家，未来亚洲世纪中最大的地缘政治大国，其迅速崛起必然招致全面围堵。

狭路相逢勇者胜，群雄逐鹿强者赢。民族复兴只有突破重围一路，决不能画地为牢。我们必须清醒：古往今来，和平从来就不是免费的午餐！发展机遇，绝非天上掉馅饼，更不可能拜对手所赐！自强者强，无为者危！

二、完善危机观，根植危机之"机"的文化基因

危机的两极分别是危险、机遇，而其平衡点、转折点才能算是真正的危机，因此它具有正负双面性。中华文明历来有居安思危的传统意识，"危"是我们的文化基因。近现代以来，更由于中华民族的积弱积贫、世界列强的欺凌蹂躏，我们随时面临着灭顶之灾，"中华民族到了最危险的时候"，不可不谓"至危之极"。因此，我们对"危"的认识更是刻骨铭心！与此相反，我们对危机中与"危"并存的"机"则常常是"厚"此"薄"彼，甚至顾此失彼。我们要么是急破其危，而忘取其机；要么是为免其一时之危，而放弃千载难逢之机。我们虽有"机不可失、失不再来"的古训，但只要与危相伴，或有危相随，即使机遇远大于风险，我们也常会选择避而远之。这是一种文化的"偏执"！

中华民族历经5000年，这种文化的"偏执"在近代以前有幸没有导致"灭顶"，实乃幸在未遇真正的强敌；近代以来，连续遭遇"一介武夫"邻族蒙元、满清的历史大倒退，这种文化的"偏执"已开始结下苦果。更有甚者，进入现代以来，世界上几乎所有的列强均有过瓜分中国、欺凌华族、血染九州的"辉煌"历史！近现代中华民族血淋淋的历史表明：一个只能、也只求把"危"，而不能、也不求握"机"的民族，注定被"危"所围困，而不能转"危"为"机"，更不能制"危"出"机"。

辩证法是我们共产党人的理论灵魂。在共产党人执政的中国，我们应该引导全民辩证地认识"危"与"机"的对立统一、在中华文化中根植危机之"机"的基因，以纠正文化偏执、走出文化困局，唯有如此，我们才能开创时代新篇、引领未来新局！

信仰的精魂在于牺牲精神[1]

　　人类在繁衍，英雄不能复制。但英雄们用生命书写的牺牲奋斗史，却可以积淀为一种国家品格。这种品格在中华民族今天已经对世界历史进程产生重要影响的历史时刻，至关重要。

——金一南（序言）

　　我们党和军队一路走来，经历了许多九死一生、命悬一线的险境，在血与火的考验中得以生存壮大，并赢得了辉煌胜利，源于无数共产党人抱定为共产主义献身的坚定信仰，不管前方是雄关漫道还是荆棘满途，他们都毫不畏惧，前赴后继。

——刘亚洲（序言）

　　"苦难辉煌"，也可理解为"凤凰涅槃"。从金一南教授2008年横空出世的平面历史鸿著、革命史诗《苦难辉煌》到今年金教授、徐海鹰高级记者等联袂熔铸

---

1 观《苦难辉煌：中国共产党的力量从哪里来？》电视纪录片感

的三维电视纪录巨片《苦难辉煌：中国共产党的力量从哪里来？》，不啻为一次凤凰涅槃。金教授 15 年滴水穿石、磨杵成针的苦难，铸就了《苦难辉煌》的几近"洛阳纸贵"；而解放军电视宣传中心 700 多个日夜的数次"长征"，乃至俄日"远征"，再造了《苦难辉煌：中国共产党的力量从哪里来？》的宛若"万人空巷"。壮举紧随创举，挥写了新时代"苦难"铸就"辉煌"的新典！恰是：始有凤凰的苦难，终有辉煌的涅槃！

中国共产党萌起于民族风雨飘摇、民众水深火热、积弱积贫因而一盘散沙的中国。但正是这个起于 50 几人的小党，仅在 28 年的短暂历史瞬间就带领人民推翻沉压我中华上百年，乃至上千年的三座大山，让人们当家做主、令华族扬眉吐气！这是摧枯拉朽、扭转乾坤、力拔昆仑、气吞山河的力量！"中国共产党的力量从哪里来？"书、片给了人们洪钟大吕般的回答：信仰！而信仰的精魂何在？牺牲精神！

"为有牺牲多壮志"。在凄风苦雨中诞生的中国共产党，为了拯民众于水火，无数共产党人赴汤蹈火、舍生忘死，用青春、用热血、用生命唤起工农千百万，"起来，饥寒交迫的奴隶……""四一二"先烈的滚烫血河终于汇成了土地大革命的滚滚洪流；衣衫褴褛、"落荒而逃"的 30 万红军历经数十万大军围追堵截、雪山草地等千隔万阻，以"一生九死"的巨大生命代价完成人类有史以来最撼天动地的二万五千里长征！共产党人，更为了救民族于灭顶，在立足未稳之际即高举"抗日"义旗，不计生死之仇放蒋抗日、深埋皖南之恨联手击寇，高呼着义勇军进行曲——"起来，不愿做奴隶的人们……"，唤醒四万万民众用我们的血肉之躯筑起新的长城！简言之，中国共产党人以救国救民为己任，以自身巨大的牺牲唤醒民众、唤起民众，终于将一盘散沙的中国汇聚成无坚不摧、无往不胜的强大力量！我们清晰地看到：这股强大力量的源头就是共产党人救国救民的信仰，而点亮民众信仰的火种、激发民众自觉相随的感召力就是共产党人惊天地、泣鬼神的牺牲精神！这才是共产党人信仰的精魂！

王国之"亡"与帝国之"敌"[1]

　　从某种意义上说，犹太教孕育了基督教、伊斯兰教。耶路撒冷因此成为人类的宗教高地与精神高地。本来的和平之城虽然是三大圣教的圣城，但数以亿计的圣徒们将它撕扯、撕裂，甚至不惜于撕毁！"万能"的耶和华、伟大的大卫王带给伟大犹太民族的是数千年前的灭顶之灾与2000余年的游离失所。犹太民族不可谓不聪慧、不可谓不进取，不可谓不忍辱负重、不可谓不随遇而安！这些本性之卓尔超群、出类拔萃，世界历史上可能无一族能出其左右、望其项背！近乎强大无比的犹太王国何以在数千年前消亡？生机勃勃的犹太民族何以在数千年中消融？在于这个王国无"融"、无"和"！换句话说，王国之"亡"在不能"容他"！在不能"和邻"！在太自己！在只有己！我放胆地预测：今日在加沙地带、在戈兰高地、在耶路撒冷特立独行的以色列仅是遇到羸弱的伊斯兰世界、一盘散沙的阿拉伯世界，未遇周边或外来的强敌，否则还会遭遇灭顶。一个胸中只有仇恨、充满敌意的民族难免被仇恨与敌意埋葬！仇恨与敌意，可以让人们自醒、自奋、自新、自强，但如果不能超越自我，终究会被自己所打败！

1　以色列与意大利考察体会

古罗马帝国的辉煌在人类历史上可能是空前的，还可能是绝后的。西方文明是在古希腊、古罗马为代表的欧洲古典文明、基督教文明以及文艺复兴运动的基础上发展起来的，意大利正是这些文明和文化运动的发源地和中心。古罗马帝国鼎盛时期疆域南起撒哈拉沙漠和尼罗河，北达多瑙河和莱茵河沿岸，西至大西洋，东临波斯湾，成为横跨亚非欧的大帝国。西方古典文明形成于古希腊，但发扬光大于古罗马。古罗马法律体系是现代大陆法系的基础，我国和欧洲大部分国家的法律体系都是与古罗马法系一脉相承。古罗马人创造的拉丁语体系至今仍为大多数欧洲国家所采用。由此可见，古罗马帝国幅员之广、建树之巨、光茫之炫，在人类史上很可能是力拔头筹，至少是屈指可数，两千余年之后在现代罗马城内仍历历在目的惊世、传世之作，仍是俯地皆是。但是我们在激赏数千年传世之作的同时，不免感叹曾如此辉煌的古罗马帝国，除了在一千五百年前有过昙花一现的文艺复兴以外，在现代文明史上则乏善可陈。今天，我们漫步罗马城时，到处所见的都是假日般的优哉游哉，罗马人的雍容闲适成为了古老都市的独特风景，与古老的建筑、久远的历史一起凝固在了古代的辉煌里。不思进取、固步自封，恐怕再辉煌的古老帝国也会被消蚀殆尽。古罗马帝国尚且如此，实际上古老的中华帝国近代也没好到哪儿去！滚滚历史狂涛，淘尽无数帝国！史来如此，未来亦然！归根结底，帝国之"敌"在故步自封、在不思进取。

中国时代

ZHONGGUO SHIDAI ─────

开创市场经济的新境界

中国共产党人带领人民经过近 30 年的艰苦奋斗，推翻了三座大山，确立了社会主义政治制度，实现了"救国梦"。又经过 30 年艰苦卓越的探索，挣脱计划经济的桎梏，冲破"大公无私"的樊篱，确立了社会主义市场经济制度，再度带领 13 亿中国人民迈上人类有史以来人口最多、幅员最广、起伏最巨的民族复兴之路，实现着人类近现代以来最伟大的梦——"中国梦"。

通过第一专题学习，我认为："中国特色社会主义"之"特"千条万条，最根本的一条在于"社会主义市场经济"。中国共产党人经过 90 年来的反复探索、不断实践、持续创新，终于找到了发展社会主义、发展新中国、熔社会主义与市场经济于一体的"中国特色社会主义"！这是国际共产主义发展史上的壮举！这是国际政治经济学史上的创举！这是中华文明史上的盛举！风起云涌于中华大地的"社会主义市场经济"，将在人类史上开拓出市场经济的新境界：其广在于"市场经济的中国化"，其远在于"市场经济的理性化"，其高在于"市场经济的社会主义化"。

刍议时代

一、市场经济的中国化

市场经济作为一种现代经济体系，问世近300年来造就了一系列现代大国，极大地推进了人类社会的进步与繁荣，尤其是现代化进程。可以说，实现了现代化的国家几乎无一例外地成就于"市场经济"。因此，一个国家是否实行"市场经济"，会被认定为能否现代化、是否现代化的根本标志。

中国社会，长期处于封建、半封建的自给自足的传统小农经济、自然经济状态。中国虽然封建社会时期经济社会发展遥遥领先于世界，但也正因为如此，传统封建势力特别强大，使得商品经济和市场经济的萌芽在发展过程中遭遇到了特别强大的阻力，因而迟迟未能实现封建小农经济向资本主义工业化市场经济的转变。不仅史来如此，改革开放30余年，全面开启市场经济20余年，时至今日，市场经济赖以生存的"市场"（生产要素商品化、经济关系市场化、产权关系独立化、生产经营自主化、经济行为规范化）远未成熟（如市场体系不健全、各类市场发育程度参差不齐、有些要素市场严重滞后、市场竞争机制不健全、市场运行的法规制度建设滞后、由地方保护主义导致的全国统一开放市场体系还没有最终形成等），赖以运行的"铁则"如自由原则、平等原则乃至法治原则，以及商业诚信与契约精神等，无论是在制度上还是文化上均远未系统定制、行走于世。无论是国家公器体系的制定者、执行者、监督者等国家公务员队伍，还是社会管理、服务的从业者队伍，甚至市场经济活动的直接参与者队伍，对于市场规律的认识、把握与运用，既非专业，更非精到。市场经济虽然在我国已推行近30年，但其体系并未完整建立，其理念与文化并未深入人心，其机制并未畅行于市。在中国社会上，仍然普遍弥漫着浓厚的反自由竞争、反平等交易、反法治、反市场、反商品的思潮甚至文化，它们不时地以种种方式和借口阻挠市场经济体系的完整建立及其改革的深入发展。如果我们将市场经济比作大海，很显然不是所有的下海者均能游泳，不是所有的下海者均能经得起惊涛骇浪，不是所有的下海者均能远涉重洋。"市场经济"像马克思列宁主义一样，作为舶来之物，它既不是根自于中华大地，也不是生长于中华文化，它不可能轻易地落地生根，更不可能自发地开花结果。因此，我党、我政府必须高度重视、系统部署、整体推进全党、全民性"市场经济"普及性教育、专业性培训与创新性研究，真正实现市场经济的中国化。市场经济的中国化已逐步公认为人类"历史上最为伟大的经济改革计划"，将开创人类经济史上人口最多、幅员最广的市场经济新境界。

二、市场经济的理性化

市场经济建立在两个深厚的认识基础假设之上：承认无知和包容不确定性。市场经济中有一只看不见的手，它就是市场的价值规律。一般来说，商品价格受供求关系影响，沿着自身价值上下波动。所以在交易过程中，我们常能看到同一种商品在不同时期价格不同。当涨价时，卖方会自发地加大生产投入；当减价时，卖方会自发地减少生产投入，这就是市场经济的第一个特点：自发性。市场的范围之大使得谁也无法客观、宏观地去分析观察，参与者们大多以价格的增幅程度来决定是否参与及其参与程度，这就体现了市场经济的第二个特点：盲目性。参与者盲目自发地投入生产，而生产是一个相对于价格变动耗时较长的过程，所以我们常能看到一种商品降价后，它的供应量却在上升，这就是市场经济的第三个性质：滞后性。由此不难看出，市场经济的自发性、盲目性及滞后性所反映的是其完全的自由竞争性与彻底的自然选择性，归根结底是其非理性，或者说是其"野性"。正因如此，"野性"的市场经济将不可避免地出现周期性的危机甚至局部的毁灭。

自 1825 年英国第一次爆发普遍的经济危机以来，以市场经济为主要模式的资本主义经济从未摆脱过经济危机的冲击，经济危机因而被认为是资本主义体制的必然结果。如"1987 年黑色星期一""1997 年东南亚金融危机"均带来世界性的经济危机与衰退；"2008 年美国次贷危机"以及接踵而至的"2009 年欧债危机"

使全球经济至今仍萎靡不振：2002 年以来美国利率先降后升，房地产市场却先热后冷，导致大批蓝领阶级陷入房贷陷阱。次贷危机是由美国次级房屋信贷行业违约剧增、信用紧缩问题而于 2007 年夏季开始引发的国际金融市场上的震荡、恐慌和危机。欧洲债务危机（即欧洲主权的债务危机），是指在 2008 年金融危机发生后，希腊等欧盟国家所发生的债务危机。

经济危机不仅出现于长期实行市场经济的国家，而且不断出现于新兴的市场经济国家，如东亚经济面临的"中等收入陷阱"、导致发展中国家整个经济劳动力成本上升的"刘易斯拐点"、经济社会畸形发展后的"拉美陷阱"，以及新兴市场与发达国家间国际资金循环的"斯蒂格利茨怪圈"。从以上两方面我们不难看到，市场经济模式虽然已诞生 300 余年，实践时间不可谓不长，且在世界众多国家实行，推行国度不可谓不广。但是人类至今对这只"看不见的手"仍是知之甚少，这只"野蛮的手"还在反复挑战人类的理性、并不断击溃人类的理性！面对市场经济"野性"，人类理性应该觉醒了！直视市场经济"猛兽"，13 亿中国人民要用智慧将其关进"理性的笼子里"！让我们呼唤"市场经济理性化"新时代的到来！让迟到的中华民族开创"市场经济理性化"新时代！

三、市场经济的社会主义化

"市场经济的理性化"，对于当前的中国其不二的选择就是"市场经济的社会主义化"。不仅如此，全球未来经济社会历史发展进程中，我放胆猜想"市场经济理性化"的根本出路，亦将是"市场经济的社会主义化"。

现代市场经济都是有宏观调控的市场经济。宏观调控是指国家从经济运行的全局出发，按预定的目标通过宏观经济政策、经济法规等对市场经济的运行从总量、结构上进行调节和控制的活动。在发挥市场基础性作用的前提下，加强宏观调控不仅是弥补市场失灵的一般要求，而且在中国当前市场发育不够健全的情况下，显得尤为重要。因而，建立和完善社会主义市场经济体制，必须健全宏观调控体系。此外，社会主义经济发展是建立在社会化大生产基础之上的，客观上要求由政府进行宏观调控，使国民经济按比例协调发展，避免和减少由于盲目的无政府状态而带来的损失。这也是社会分工日益精细、生产社会化程度日益升高、国民经济各部门间相互关联又相互制约程度日益提高新形势下的重大需求。具体而言，一是公有制经济的要求。公有制经济，尤其是国有经济属于广大劳动人民，它的经济活动应该服从社会主义生产目的，这就得靠宏观调控在全社会范围内有效地使用人力、物力和财力发展生产，使经济活动符合人民的利益。二是加速中国经济发展的客观要求。中国是发展中的社会主义国家，我们要走出一条较为自觉的快速发展道路，必须要求国家对促进经济发挥引领指导作用，发挥社会主义优势。三是共同富裕的要求。我们的最终目标是达到共同富裕。这一立足点比一般市场经济国家处理效率与公平关系的要求更多，这就必须依靠国家的宏观调控来实现。

经济为山，社会为水。国，无山不立；民，无水难行。市场经济，以自由竞争为天条，优胜劣汰必然导致不平等；社会主义，以公平正义为铁律，共同富裕自然走向天下大同。市场经济之父亚当·斯密在1776年出版《国富论》的同时，写了《道德情操论》。他在后书中说："如果一个社会的经济成果不能真正分流到大众手中，那么它在道义上将是不得人心的，而且是有风险的，因为它注定要威胁社会稳定。"在这本与《国富论》同样经典的书中，他对正义的注释如下："正义犹如支撑整个大厦的主要支柱。如果这根柱子松动的话，那么人类社会这座雄伟而巨大的建筑必然会在顷刻之间土崩瓦解。"因而他被认为解释了商业社会存在着两只"看不见的手"，其一是经济的"市场"，其二是社会的"道德"。近300年来资本主义充分地挥击了第一只手，近一百年来社会主义强力地挥扬了第二只手。很显然，这都是对"亚当·斯密主义"的肢解！因此，只有市场经济的社会主义化才是"亚当·斯密主义"的最终归宿！

首届中青年医学科技之星倡议书[1]

热爱祖国　　敬业敬师
赶超世界先进水平　　勇攀医学科技高峰

致全国医学科技领域的中青年同仁：

今天，"全国首届百名中青年医学科技之星"评选揭晓。我们有幸得此殊荣，感慨不已！我们来自天南地北、五湖四海，彼此间的经历与成长道路各异，但我们深深感到，医学与其他学科的交叉，尤其是与生命科学中分子生物学的交叉和相互渗透，正使其以前所未有的速度向新的深度和广度迅猛发展，这种发展一方面带给我们一种"时不我待"的紧迫感，另一方面为我们提供了更多、更新的研究领域和课题。医学中久攻不下的顽垒——肿瘤、心脑血管疾病、艾滋病等，现在已可从生态、整体、组织、器官、细胞、分子等不同层次，从分子生物学、细胞生物学、免疫学、遗传学、病理生理学及预防医学等不同侧面进行协同攻关，从而为我们开辟了更为广阔的天地。此外，我们还强烈地感到，在中华大地正开

1《健康日报》，1993 年 12 月 3 日

展一场波澜壮阔的社会变革和民族振兴；我们的祖国正走向发达、走向繁荣、走向世界、走向新世纪。作为中华儿女，作为跨世纪的一代，作为肩负 12 亿人民救死扶伤光荣职责的"白衣"使者，我们以沸腾的热血、激荡的心汇成对全国中青年同道的呼唤——热爱祖国、敬业敬师，赶超世界先进水平，勇攀医学科技高峰！

我国医学科技事业近年虽然已取得长足进步，但与发达国家相比尚有较大差距。我们应该清醒地认识到这一点，并在实践中积极吸收国际先进的医学科学研究成果，推动我国医学科技事业跃上新的台阶，尽快赶上世界先进水平。我们应大胆采用现代科学，尤其是现代生命科学的新理论、新技术、新思路、新方法，与国外同行一道，共同发展现代医学，并努力将中华民族、中国人的名字更多地刻进现代医学的里程碑。此外，在疑难病症和药源性疾病不断产生、在世界范围出现"中医热""中药热"的今天，我们应坚持不懈地借助现代科学研究手段，系统阐释并不断发展我们的国粹，以建立具有民族特色的完整的现代中国医学体系。我们要坚持贯彻预防为主的方针，为提高我国人民健康水平作出积极贡献。

我们属于人类，应无愧于众生。

我们属于新的世纪，应无愧于历史。

我们属于医学，应无愧于"白衣"的圣洁。

我们属于腾飞的中华巨龙，应无愧于生养我们的这方热土。

全国首届中青年医学科技之星

全体代表（贺福初执笔）

唯有教育、文化等社会系统创新，
方能大规模造就创新型人才[1]

培养大批具有创新精神的优秀人才，形成有利于人才辈出的良好环境，是建设创新型国家、实现民族伟大复兴的重要保障。实现这一目标，则是一项社会系统工程，为此必须加快三大创新，优化三种环境。

一、突破文化困局，塑造创新型人才的成长环境

创新型人才，是指具备创新精神、创新能力和创新人格等综合素质的探索者、创业者。其典型特征是具有强烈的进取心、求知欲，以及对发现、发明、创造、创业、革故、鼎新的敏锐性与亲和力；具有突出的思维、决断、实践能力，强烈的使命感与顽强的意志力。他们或是能高瞻远瞩、引领发展，或是能破解困局、突破难关，因而是人才群体中最赋活力的先锐与中坚。目前，我国人才队伍

1　2006 年中组部浦东干部学院中青年院士培训班发言提纲，时任军事医学科学院副院长、研究员；复旦大学生物医学研究院院长、教授

已有相当规模，但创新型人才仍相对匮乏，其主要原因是我国学校教育和社会文化与创新型人才成长要求不相适应。

（一）要围绕"建设创新型国家、培养创新型人才"的目标，深化教育改革

教育改革首先是理念更新。我们应该用先进的教育思想指导制定国家教育大纲，从顶层设计上促进我国学校教育从单纯传授知识向培养创新意识转变，从单纯追求人格统一向尊重个性转变；切实变革教育模式，鼓励因材施教，注重知识融合，强调知行统一，促进我国学校教育从专业型向复合型转变，从注重占有知识到突出创造知识的转变；切实改进教育管理，形成科学的教学质量和学生素质考察体系，把提高学生创新能力作为教学效果的重要评价标准，引导教师将教学重点向启迪人的心智、开发人的潜能倾斜，从制度上促进由传统应试教育向现代素质教育转变。

（二）要围绕"建设创新型国家、培养创新型人才"，构建创新文化

人才是种子，文化是土壤。优良文化是孕育人之灵性的胞衣，不良文化则常导致人理智上的愚性与惰性。五千年的悠久文化自有精华，但也必须弃朽履新、与时俱进。纵览我国文化、人才、体制的现状，目前制约"创新性国家"建设最严重的因素可能就是文化！我们要为创新型人才营造适宜成长的文化环境，必须在全社会大力弘扬中华民族进取、卓然、弘毅的优秀文化，摒除灵性之惰、理性之沌、感性之滞等不良文化心态。具体来说，就是要使社会群体的文化心理实现四个转变。一是倡导由"重物轻人"向"人才为本"的思想转变。人类进入后工业时代以来，社会、经济等进步的主要引擎在于科技力，而科技力的核心是创造力。因此，我们必须认清创新型人才投资其回报率将大大高于物质资本投资这一历史大势，从而大力强化创新型人才是我国未来经济社会快速、持续、健康发展最主要动力和最重要资源的观念，在全社会迅速恢复并进一步强化建国之初与改革开放之初"尊重知识、器重人才、珍视创新"的良好氛围，视创新型人才为"国之宝""国之器"，而以"国之士""国之礼"待之。二是倡导由"急功近利"向"尊重规律"的思想转变。各级组织要尊重创新规律，认清创新需要冰冻三尺的积累，需要十年一剑的磨砺；力戒拔苗助长、急于求成，支持创新型人才的不懈探索；试玉要烧三日满，辨材须待七年期，风物长宜放眼量，无限风光在顶峰，社会各界务必要沉住气、更"大气"。三是倡导由"权威至上"向"自由争鸣"的思想转变。要防止和克服学霸窒息创新、权威垄断创新、官僚干扰创新的现象，鼓励创新型人才特别是青年人才敢于标新立异、勇于挑战第一、大胆质疑权威、执著追求真理，使他们不因"经典"存在而压抑创新激情，不以一时成败而迟滞探索步履。努力形成全社会渴望标新、争为人先、坦应失败、宽容人才、百家争鸣、万马奔腾的生动局面，真正让创新人才拥有舒展自由的心智天空、纵横驰骋的历史疆场。四是倡导由"单独竞争"向"合作竞争"的思想转变。要注意克服只讲竞争不讲协作的狭隘观念，认清后工业时代人类一网、全球一村、信息网络化、经济全球化的时代特质，唯有大协作，才有大成果的发展大势，努力促进跨领域、跨地域的智力碰撞、深度合作，激发、喷注灵感与火花，点燃心智之炬、鼓动思想之潮。简言之，要通过富有成效的创新文化建设，真正使广大创新型人才能"鹰击长空、龙翔环宇"，造就一大批置身于领域之巅而能纵观全局，徜徉于专业之林而能融会贯通，活跃于团队之中而能广聚英才，致力于原始创新而能建功于人类文明的创新型拔尖英才。

二、突破管理常态，开拓创新型人才的创业环境

视事业重如山，是创新型人才的突出特点；寻求人生价值的实现，是创新型人才的人生基本需求。我们要吸引、留住、用好创新型人才，最重要的是给他们创造能干事、干大事、成大事的体制机制环境和创业平台条件。我国实施科教兴国战略和人才强国战略以来，党和政府加大科技改革步伐，为创新型人才创业推出了一系列优惠政策，其创业环境明显改善，但仍有诸多不足。我们必须下决心解决这些问题。

（一）大力优化国家总体科技布局

科技布局是一切科技活动的出发点。我们应按照国家整体需求及市场经济和科技发展规律，优化国家总体科技布局，不断完善国家科学技术发展规划，搞好科研机构战略定位，积极革除科研机构设置重复、条块分割、力量分散、效率低下等弊端，盘活、用好现有科技资源。

（二）积极推进科技评价体系改革

科技评价是科研活动的指挥棒。因此，相关部门应认真听取科技人员意见，改革现有科技人才评价、科技项目评审和科技成果评奖等制度，精简科技考评项目，确保繁简适当，减轻科技人员不必要的负担。完善科技考评监督，建立以同行认可为取向、权力与学术分离的科技评价体系，斩断学术和权力的联系纽带，建立公平、公正、公开的竞争机制，真正保证科研人员凭借创新实力和创新成就获取各种发展机会与社会资源。

（三）确保科技投入与国民经济同步增长

科技投入是国家对全国科技事业实施宏观调控的杠杆。政府相关部门应根据建设创新型国家的战略需求，严格落实《科技进步法》对科技投入的基本要求，并在此基础上不断加大科技投入在 GDP 中的比重，切实改变我国目前科技投入水平较低，尤其是对科技人才投入偏少的不良状况。坚持支持重大科技攻关工程与鼓励扶持自由探索并重，既确保自由选题得以实施，又要确保国家集中财力实施重大科技计划，以解决重大经济、国防、社会问题，为创新型科技人才打造不同层面的创业平台，让其实现不同阶段的创业梦想。

（四）大力深化知识产权保护制度改革

知识产权保护是加速科学向技术转移、技术向市场转移的重要制度保障，是焕发科技人员创造力的重要外部动力。与发达国家相比，此方面我国存在严重缺陷，这也是导致我国科学对技术的贡献、技术对经济的贡献严重不足的根本原因之一。建议加紧完善知识产权保护法规，并在全社会加强知识产权保护宣传，强化国民知识产权保护意识，加大知识产权执法检查力度，切实保障科技创新成果不被侵犯，维护科技人才知识产权的经济权益及在经济活动中的竞争优势。

（五）极力开展国际科技交流合作

经济的全球化与经济的科技化推动了国际科技合作的普遍化。人类科技自身的大幅度纵横扩展亦导致其对国际科技合作的广泛需求。要提升我国经济、科技的国际竞争力，必须极力支持国内领军人才勇立世界科技潮头、引领未来科技潮流，参与和领衔国际重大科技计划，充分利用国际科技平台，加速实现由科技大国向科技强国的历史性转变，为人类的科技事业作出重大贡献。

三、突破定见常规，专为创新型年轻人才创立相应的生活环境

"自古英雄出少年"。综观世界科学技术发展史，许多重大发现和发明都是出自思维敏捷、风华正茂的青年。社会正义告诫我们：个人贡献应与社会回报成正比。但在我国，科技人才的青年时期，也是创造、创业的黄金时期，却是生活资源最匮乏的时期。改革开放以来，我国不少年轻科技人才刚出校门就出国门，虽然其中不乏求学者、追梦人，确也不少充当低级打工崽，实在令人惋惜。惋惜之余，我们也应清醒地看到：确实事出有因，甚至事出无奈！我们可以算一笔帐：一个博士，经过20多年的艰苦求学，走上工作岗位后，已近甚至已过而立之年却无积累，且不说回报父母，自己结婚养子已很困难，购买房子更是天方夜谭！不能安居，何来乐业？要想留住大量青年才俊，我们必须改善他们的基本生活条件。安得广厦千万间，才能大庇天下寒士俱欢颜！

（一）要建立适用于青年人才的基本保障机制

青年不仅是国家的明天、科技的明天，也是科技的今天、国家的今天！我们一定要正视青年科技人才创业初期的艰难，他们不仅需要广阔的事业舞台，也需要基本的生活条件。建议政府与各用人单位联合，尽快实施青年科技人才安居工程，建设一批博士公寓，切实保证青年科技人才在没有资金积累的情况下有房

住、住得起。我们不仅要事业留人，更要感情留人！国际空气动力学大师、钱学森的导师——冯卡门先生，70多岁被美国授予国家科学勋章。当他走下领奖台时，一脚踩空台阶，身体下倾，总统急忙上前搀扶。他寓意深长地说，飞机上升时，需要助推力，降落时，则不再需要了。衷心希望各级组织能在年轻人才创业、上升的时候，多给他们以体贴、关怀、支持、提携。锦上添花，固然不能说浪费，但我们可以斩钉截铁地说：雪中送炭，一定更为可贵！

（二）要强化一流人才、一流业绩、一流报酬的收入分配制度

任何人成才都需要投资，而投资就需要回报。各类人才成长的过程，实际上也是不断投入物质资源和脑力劳动（智慧资源）的过程。大量人才走出大学校门时拥有的智力资本，不仅包含着个人寒窗苦读的积累，还包含着家庭其他成员的奉献与牺牲。而且其中的创新型人才，在随后的工作中往往通过创造、发明、革新，产生"高附加值"的成果、技术或产品。因此，对一流人才、一流成果给予一流报酬，既是他们个人的合理要求，也是社会公正的客观需要。我国面对全球化的激烈人才竞争。在我们多方面条件均不存在明显竞争优势的国际背景下，单靠教育和行政控制手段不可能整体改变人才尤其是创新型人才流失趋势，因而急需要从根本上解决问题，需要建立与创新型人才特点相适应的收入分配制度。"尊重知识，尊重人才，尊重劳动，尊重创造"，已作为我国的大政方针。我们必须遵循市场经济的价值规律，贯彻知识资本参与分配的理念，从法制、体制、机制上全面落实到具体的收入分配政策之中，确保"想别人所未想""做别人所未做"的创新型人才，能及时"得别人所未得"。这本是天经地义的事！久违的天经地义，该回其本源了！

人类基因组计划及其中国对策[1]

邱兆华　　贺福初

人是万物之灵，自古以来，人类一直在力图认识自身，把揭示自身生、老、病、死、思维、意识和行为等生命奥秘视为生命科学研究最崇高的使命，同时，人类对自身的了解也促进了医学一次次跃上新的台阶。20 世纪 50 年代以后，分子遗传学的飞速发展使人们认识到基因是地球上所有生命的遗传物质——主宰生命活动最基本的物质，其化学本质是 DNA。人类的全部遗传信息就储存在 30 亿碱基对组成的巨大 DNA 分子之中[2]。因此，如果能够破译人类 DNA 分子的全部核苷酸顺序，建立人类遗传物质的完整信息数据库，那么，有关生命现象的许多"不解之谜"将可能迎刃而解。人类基因组计划（human genome project，HGP）就是针对这一目的而出台的。

---

1 《军事医学科学院院刊》，20（3）：216-9，1996

2 Craig IW. Organization of the human genome. J Inherit Metab Dis, 1994; 17：391.

一、HGP 的建立背景

1984 年 12 月 9 日至 13 日在美国犹他州盐湖城举行的环境诱变物和致癌物防护国际会议上，科学家们讨论了通过测定人基因组顺序以查明突变的可能性。1986 年 3 月，在美国能源部健康与环境中心于新墨西哥州 Santa Fe 城举行的一次国际会议上，测定人基因组全序列的宏伟计划首次被提出，并被纳入曼哈顿生物计划的一部分，很快引起社会各界人士的关注。1987 年 4 月，美国能源部的健康与环境研究顾问委员会在报告中将该计划称为"人类基因组开创性计划"（human genome in itiative）。1988 年财政年度美国国会终于批准资助能源部和国立卫生研究院同时实施人类基因组计划。考虑到人类基因组研究是一个全球性的课题，耗资巨大，同时需要各国计算机信息学家、工程师、生物学家、社会学家等各界人士的密切合作，1988 年 7 月，成立人类基因组组织（Human Genome Organization，HUGO），通过筹集资金和收集各国的数据以期资源共享。至此，HGP 走上国际化，很多国家纷纷筹集资金和力量，积极加入这一国际大协作。

二、HGP 的内容和策略

（一）绘制人类基因组的高分辨遗传图谱和高密度物理图谱

1. 遗传图谱（genet ic map）[3]　遗传图谱是以基因连锁、重组和交换为基础而构建的标示遗传座位在染色体上相对位置的图，其图距单位为 cM（厘摩），以子代重组频率（%）来测定，1% 交换值为 1cM，约相当于 1000kb。遗传图谱的构建是对基因组进行系统性研究的基础，也是遗传育种和对人类遗传病基因进行定位、诊断的依据。目前，人们广泛利用 DNA 分子水平上的多态性来构建遗传图谱，并以此作为基因定位、生物进化和分类研究的基础，使用较多的几种分子标记有 RFLP、RAPD（random amplified polymorphism DNA，随机扩增的多态性 DNA）、

---

3 Sefton L，Goodfellow PN. The human geneticmap. Curr Opin Biotechnol, 1992; 3 ： 607.

小卫星序列（mini satellite sequence）、微卫星序列（micro satellite sequence）等。

1992 年，美国国立卫生研究院（NIH）和法国人类多态性研究中心（CEPH）的 100 多位科学家合作绘出了一张人类基因组连锁图。该图覆盖了人类基因组的 90%，用了 1416 个标记，其中大多数是 RFLP，而杂合性（变异水平的量度）大于 70% 的微随体只有 205 个。随后，法国 Genethon 公司的科学家发表了"第二代"人类遗传连锁图。该图亦覆盖了人类基因组的 90%，用了 814 个标记，其中杂合性大于 70% 的微随体有 605 个。这是 HGP 在遗传图谱绘制方面的一大突破。

2. 物理图谱（physicalmap）[4]　物理图谱是标示可识别的 DNA 位点在 DNA 上位置的图，图距以 bp 为单位。目前常用的技术策略有两种：①由长到短作图（top-down mapping）；②由短到长作图（bottom-up mapping）。

美国 MIT/Whitehead 研究所 Page 研究组在 1992 年 10 月发表了人 Y 染色体的高密度物理图。与此同时，法国人类多态性研究中心 Daniel Cohen 研究组利用大片段 YAC（MegaYAC）作出了人 21 号染色体长臂（21q）的排序克隆库，该染色体上有许多与遗传病有关的基因（包括 Down 综合征，Alzheimer 病及其他神经系统疾病）。以上工作均是采用由短到长的作图策略。

（二）DNA 序列分析[5]

DNA 序列测定技术是在高分辨率变性聚丙烯酰胺凝胶电泳技术的基础上建立起来的。目前常用的是 Sanger 首创的双脱氧核苷酸末端终止法和 Maxam、Gilbert 等首创的化学裂解法。人类基因组及其模式生物的全序列分析是一项大规模工程，为快速而经济地达到此目的，必须不断提高分辨率和检测灵敏度，加快分离长 DNA 片段的速度，延长测序片段的长度。近年来为配合人类基因组计划大规模测序的需要，杂交测序（sequencing by hybridization）、流式细胞仪测序、扫

---

4 Soeda E. Structural analysis of human genome by YAC technologies. Nippon Rinsho, 1993;
　51 : 2246.

5 Weir BS. Analysis of DNA sequences. Stat Methods Med Res，1993; 2 : 225.

描隧道显微术（scanning tunneling microscopy，STM）、X 线成像（X-rayimaging）
等新的技术逐步发展起来。

在"欧洲共同体生物技术行动规划"的调配下，1992 年 5 月科学家们合作完
成了酵母第Ⅲ染色体 DNA 全序列分析。与此同时，一些基因的表达及其产物蛋白
的功能亦得到揭示。这是人类首次完成生物体内整条染色体的 DNA 全序列分析。

（三）染色体上特定基因的研究

HGP 的目标是破译人类基因组所包含的全部遗传信息，这是一项大规模的
工程，但对于一些规模不大的研究组来说，他们更希望能够围绕自己所感兴趣的
基因开展 HGP 的相关工作，然后，将其结果贡献到人类基因组研究的数据库中，
这也是参加 HGP 的一条有效途径。该工作主要从以下两方面入手：

1. 基因组转录图（tran scriptional map）的研究：基因组转录图是指标示各
个基因的外显子在染色体上位置的图，这是从复杂 DNA 背景中识别、鉴定和分
离基因并对其表达方式进行研究的有效方法。

2. 目的基因的克隆及其染色体定位：生物界的丰富多彩很大程度上取决于
严格调控下的基因选择性表达，随着分子遗传学研究的深入，人们逐渐意识到，
许多遗传性（或遗传易感性）疾病都涉及到基因水平的异常，对这些基因进行克
隆和染色体定位是遗传病诊断和治疗的前提。

（四）模式生物的研究

由于人类对自身理解的限制、实验的限制和伦理学的制约，医学、生物学的
研究很大程度上依赖于对模式生物的研究。在研究人类基因组的同时，平行地进
行一些微生物、植物、动物等模式生物基因组的研究，一方面可消除唯恐只集中
研究人类基因组而忽视其他生物材料，以致偏离生物学研究主流的疑虑。另一方
面还可为人类基因组研究做方法学和组织工作的准备：将从模式生物中得到的数
据和资料与人类基因组比较，通过不同生物基因序列的同源性来阐明人类相应基
因的功能；通过研究小而简单的模式生物的基因组，积累经验，发展新技术。同

时，对模式生物的研究亦具有重要的经济价值。目前研究较多的模式生物有：大肠杆菌、酿酒酵母、线虫、果蝇、小鼠、水稻等。其中小鼠是较接近于人的哺乳动物，以其为模式动物有助于人们了解哺乳动物基因组的进化，建立人类某些疾病的动物模型，研究某些重要基因的功能等[6]。

（五）基因信息学

HGP 的一项重要工作是发展信息学，进而形成一门新的学科——基因信息学（genome informatics），它包括基因组信息的获取、处理、贮存、分配、释放、分析和解释等各个方面。基因信息学的目的是结合数学、计算机科学和生物学，将基因组图谱、DNA 和蛋白质序列等数据资料进行比较研究，以阐明其生物学意义。HGP 的研究成果是属于全人类的，为使全世界这一领域的科学家协同攻关，必须建立统一的基因数据库，以备世界各地的科学家查询。美国国立卫生研究院和健康与环境研究中心（OHER）成立的基因银行（genbank）、美国约翰·霍普金斯大学的人类基因数据库（GDB）、美国华盛顿的国家生物学研究基金会的蛋白质信息资源数据库（PIR）、欧洲分子生物学实验室（EMBL）、日本 DNA 数据库、美国国立图书馆成立的"全国生物技术信息中心"（National Center for Biotechnology Information，NCBI）、NIH 和 DOE 成立的"信息学联合工作部"（Joint Informatics Task Force，JITF）等机构正在致力于这一工作。

（六）HGP 对社会、法律和伦理等的影响

HGP 在破译人类自身遗传蓝图，进而通过医学、生物学研究和生物技术等途径造福于人类的同时，也将带来一系列社会、法律和伦理等方面的问题，这已引起社会的关注[7]，目前许多国家或国际性组织都已制定一些准则和信条来避免

---

6 Copeland NG，Jenkins NA，Gilbert DJ，*et al*. A genetic linkage map of the mouse: current applications and future prospects. Science，1993；262：57.

7 Juengst ET. Human genome research and the public interest: progress notes from an American science policy experiment. Am J Hum Genet, 1994; 54：121.

研究人类基因组可能带来的风险[8]。科学家们相信，只要遵照一定的准则和信条，HGP 的实施最终是有益于人类文明进步的。

三、中国的人类基因组计划[9]

国际竞争与合作相互交织是 HGP 发展潮流的一个显著特点，如何利用我国优势参与这一国际攻关课题，进而使中国人的基因组研究水平跻身于世界先进行列，这一问题已逐步引起我国各界人士的关注。

（一）中国参加 HGP 的必要性

1. 中国人的基因组资料是人类基因组资料中不可缺少的组成部分。HGP 的重要目标之一是研究人类遗传的多态性，而人类的遗传多态性寓于世界各民族和遗传隔离群之中。中国人口占世界总人口的 22% 以上，有 56 个民族和很多遗传隔离群，因此，人类基因组资料中不能没有中国人的数据。

2. 参加 HGP 是确立我国生命科学的国际地位所必需的。我国虽财力有限，但仍应不失时机地参与这一国际协作，这不仅表明我国对 HGP 的重视，同时也会加强我国科学家在国际合作中的地位，有利于从国外争取资金和技术的援助，这是我国生命科学能够稳步发展并与国际研究接轨，从而争得在国际生命科学讲坛上的立足之地的重要时机。

（二）中国参加 HGP 的条件

我国 HGP 虽启动较晚，但只要领导重视，组织得当，发挥我们的优势，我国完全有能力在 HGP 的某些领域中取得突破性成果。

1. 我国的一批国家重点实验室已具备从事人类基因组研究的实力和条件。我国的一批国家重点实验室（如复旦大学的基因工程和分子遗传学实验室、上海

---

8 Lupton ML. Behaviour modification by genetic intervention-the law's response. Med Law, 1994;
  13：417.

9 王钦南. 我国参与全球人类基因组计划. 生物工程进展，1995；15：16.

市人类基因组研究实验室、上海市肿瘤所的癌基因和相关基因实验室、中国科学院的分子生物学实验室、中国医学科学院的医学分子生物学实验室、预防医学科学院的分子病毒学实验室、湖南医科大学的医学遗传学实验室等等）不仅具备了进行基因组研究的能力和条件，而且在相关方面已取得令人瞩目的成就，积累了一定的经验。如果将这些实验室组织起来，发挥大协作的优势，定将成为世界 HGP 中一支实力雄厚的主力军。

2. 我国在某些方面的工作已走在世界前列。中国在 B- 珠蛋白基因突变研究、血友病乙的基因治疗、食管癌研究、分子进化理论、早幼粒白血病相关基因的结构和功能研究等方面已处于国际领先水平，并受到国际同行的高度评价。在 YAC 的构建、人体高分辨染色体带型分析、寡核苷酸引物介导的人类高分辨染色体显微切割和显微基因克隆、构建区带特异性 DNA 文库、原位杂交、PCR 等方面已形成自己的技术体系，并成功地用于 HGP 相关领域的研究。

（三）中国已启动 HGP

人类基因组研究是关于人类自身的研究，其成果将属于全人类。我国人口占世界人口的 22% 以上，参与 HGP 是我们义不容辞的责任。国家自然科学基金委员会连年资助若干与 DNA 测序及功能研究相关的课题，其成果受到国际关注。国家科委在"八五"期间投资 0.23 亿人民币开展水稻基因组研究。1992 年，国家自然科学基金委特拨专款在湖南医科大学医学遗传学国家重点实验室建立了"中国人遗传病家系登记数据库和细胞库"，以收集和保存中华民族的遗传病家系，进而研究其致病基因。1993 年下半年，"中华民族基因组若干位点基因结构比较研究"正式被批准为国家自然科学基金"八五"第二批重大项目，由国内 15 个实验室共同协作。

四、HGP 的意义和展望

HGP 被誉为"人体阿波罗计划"，是人类文明进步的重大事件。对人类基因组进行系统性研究将对人类认识自身的遗传蓝图，进而认识各种生命现象的遗传本质起到极大的推动作用；将促进生命科学中三人基本问题（遗传、发育、进化）的统一；将为 21 世纪的生命科学建立重要的资源宝库；将有助于全面阐明染色体的各种结构与功能的关系；将为遗传学开辟新的研究路线 (HGP 开创了从基因组中鉴定新基因并进而研究其性状和功能产物的遗传学新领域)；一些相关学科如神经生物学、细胞生物学、农学、环境科学、信息学、新药开发等也会随之得到快速发展；多种遗传性疾病及恶性肿瘤可能由此得到预测、预防、早期诊断和治疗。因此，HGP 的提出不仅唤起了广大同行学者的极大热情，同时也得到各国政治家的理解和政府的大力支持，使 HGP 很快成为跨世纪的重大国际合作研究计划，美国将 HGP 与曼哈顿原子弹计划和阿波罗登月计划置于同等重要的战略地位。目前，HGP 已成为 90 年代影响最大、进展最快、竞争最激烈的医学、生物学前沿阵地。

蛋白质科学与技术发展趋势及
对我国发展对策的建议[1]

  "人类基因组计划"与"曼哈顿原子弹研制计划"、"阿波罗登月计划"一道被誉为20世纪三大科技工程。"人类蛋白质组计划"将是21世纪第一个大型科技工程，它旨在系统破解人类基因组"天书"，其实施规模、复杂性、艰巨性、应用性均将超过"人类基因组计划"。以"人类蛋白质组计划"为代表的蛋白质科学技术领域，已逐步成为新世纪生命科学与技术、乃至自然科学与技术的前沿与焦点。近年来一系列诺贝尔奖授予了蛋白质领域的科学家，2004年诺贝尔化学奖、生理学或医学奖更是同时授予蛋白质领域的5位专家，充分体现了这种发展潮流与趋势。为抓住历史机遇、抢占战略制高点，建议我国以"人类蛋白质组计划"为中心，同时系统开展重要经济作物、工业微生物及环境、能源相关微生物的蛋白质组、代谢组研究；以"结构蛋白质组计划"为纽带，重点推进药物蛋白质组与中药现代化等应用研究；建立自主创新的蛋白质技术体系与系统生物学学术体系。

1《何梁何利基金纪念论文集》，何梁何利基金评选委员会编，中国科学技术出版社，123-34，
 2004

一、时代背景

我国是一个发展中的人口大国，重大疾病防治、先天性遗传疾患、营养与发育、日趋严峻的人口老龄化带来的老年性疾病防治、提高全民的健康水平和生活质量，不仅是重大的科学问题，也是制约我国经济与社会发展的重大社会问题。我国是农业大国，解决好"三农"问题是一项基本国策。提高重要农作物产量，控制重要农艺性状，实现高产、优质、抗病、抗虫、抗逆和营养高效利用等，是一项长期的战略任务。新发突发传染性疾病、不明原因疾病、群体性中毒事件、生物安全事故、生物恐怖事件等严重威胁我国人民健康、经济和社会发展。我国人均资源相当匮乏，巨大的人口总量和物质需求与生态环境的有限承载能力和脆弱性之间的矛盾日益尖锐，缓解人口、资源与环境压力，实现经济与社会、人口与自然的和谐发展，必须改造传统产业，发展生物经济，开发与利用新的资源。解决这些关系国计民生的重大问题，有赖于我国科学技术尤其是生命科学与生物技术的突破和发展。

蛋白质是所有生命活动的载体和功能执行者。生命体的繁衍、进化、发育、生老病死的奥秘都可以而且必须从蛋白质上找到证据和答案。生命科学的突破有赖于从整体角度，在分子、细胞、组织与器官等不同水平认识蛋白质组。蛋白质科学是研究生物体全部蛋白质的存在、结构、功能及其相互作用方式的科学，将全景式揭示生命活动的本质和规律；蛋白质技术包括蛋白质基础、应用研究与产业化发展等领域的系列关键技术，其发展与突破将极大推动蛋白质科学研究的进程、带动以生物技术为代表的现代战略高技术的突破与革命。20世纪70年代以来，以分子生物学为代表的生物科学和生物技术不断取得重大突破，许多重大疾病的生物学机制得以阐明，生物技术与产业迅速崛起。许多生物体基因组计划尤其是人类基因组计划的完成，为启动相应蛋白质组计划奠定了基础。生物质谱、生物信息学、生物芯片和规模化抗体技术的不断发展，使蛋白质组计划的顺利实施成为可能。蛋白质科学与技术已经成为 21 世纪生命科学与生物技术的重要战略前沿，是生命科学创新的必由之路，是生命科学与生物技术引领自然科学与技术的龙头。

蛋白质组是极为重要而又有限的生物战略资源。蛋白质科学与技术已逐步成为 21 世纪争夺最激烈、最重要的战略制高点。蛋白质科学与技术是建立现代生物技术与产业的基础，将促进新的医药、环境、农业等生物产业经济的形成和发展，其研究成果可以广泛应用于医药、农业、工业、食品加工、环境保护以及新型资源的开发与利用，为国民经济增长提供新的强大动力，将成为实现小康社会战略目标的重要支撑，以促进中华民族古老梦想"丰衣足食，健康长寿，安居乐业，天下太平"目标的实现。正因为蛋白质组作为战略资源的极度重要性与有限性，欧美、日韩等许多发达国家纷纷投入巨资，启动人类和重要生物体蛋白质组计划，抢占这一重要而又有限的生物战略资源，主动把握生物经济时代发展的命脉，以期抢占历史发展的先机。

蛋白质科学技术是人类科学技术的重大时代命题。探究自然、认识生命、提高生命质量是人类生存的最高目标。只有生命科学的突破才能从根本上诠释和解决人类生存的环境和能源问题。随着 20 世纪末 21 世纪初人类基因组计划取得突破性进展，蛋白质科学技术成为生命科学新的战略制高点。蛋白质科学技术是现代生命科学研究由还原论的科学思想向系统论科学思想拓展的重要交汇点。它是一项基础与应用相结合的大科学工程，代表当代科学的发展趋势，具有多学科交叉融合的大科学特征，涉及生命科学、医学、药学、分析科学、信息科学、材料科学、数理科学等众多学科的交叉融合，涉及医药卫生、农业、工业、资源与环境行业等广泛领域的需求牵引。蛋白质科学技术研究作为一项大科学工程具有突出的战略性、广泛的基础性、强大的带动性和巨大的应用性。

我国具备了实施生命科学与技术领域大科学工程的基础和条件。我国在蛋白质科学研究历史上曾创造过以胰岛素全合成、胰岛素结构测定等为代表的有重大国际影响力的成果。近年来，在国家有关科技计划的支持下，已在蛋白质科学与技术及其相关领域启动系列重大、重点项目，在生命科学、生物技术尤其是基因组与蛋白质组研究领域取得一批重要成果。我国在蛋白质科学与技术的研究水平与发达国家差距不大，在人类蛋白质组研究领域进入了国际领先行列。我国科学家倡导、发起和领衔的"国际人类肝脏蛋白质组计划"已经被国际科技界广泛承认并正在顺利实施。这是由我国首次领衔的重大国际科技合作计划，该计划的启动和实施对人类其他组织（器官）蛋白质组计划具有重大的示范作用。实施蛋白质科学与技术研究计划有助于推进大规模的国际协作，对进一步提升我国科学技术水平和国际影响力具有重大的历史和现实意义。

二、发展趋势

（一）蛋白质组研究已经成为世界各国奋力抢占的战略制高点

美国政府历来重视抢占战略制高点。蛋白质组研究虽然 1995 年发端于澳大利亚而不是美国，但美国政府鉴于其重要的战略意义，很快奋起直追。美国国立卫生研究院（NIH）所属的国立肿瘤研究所（NCI）早在 20 世纪 90 年代就投入了大量经费支持蛋白质组学研究，其中 1000 万美元用于在密执安医学院建立一个有关肺、直肠、乳腺和卵巢等肿瘤的蛋白质组数据库；美国国立肿瘤研究所和美国食品与药物管理局联合，投入大量资金，资助建立一个有关癌症发病不同阶段和治疗阶段的蛋白质组数据库。美国能源部不久前也斥巨资启动了蛋白质组项目，旨在研究涉及环境和能源的微生物和低等生物的蛋白质组。欧共体也不甘落后，先期资助酵母蛋白质组研究，随后在"第六框架计划"中将蛋白质组学研究列为优先资助的重要领域。英国生物技术和生物科学研究委员会也资助了 3 个研究中心，对一些已完成或即将完成全基因组测序的生物进行蛋白质组研究。在法国，新成立了 5 个区域性遗传基地（Genopoles），开展基因组、转录组（Transcriptomics）和蛋白质组研究。德国的联邦研究部在 20 世纪末即提供 700 多万美元，在原民主德国的 Rostock 建立了一个蛋白质组学中心。1998 年澳大利亚政府着手建立第一个全国性的蛋白质组研究网 APAF（Australian Proteome Analysis Facility）。APAF 为该国的有关实验室提供一流的仪器设备，并把它们整合在一起进行大规模的蛋白质组研究。日本的科学与技术委员会也已先期由政府出资逾 1.6 亿美元开展蛋白质组研究，其"蛋白质 3000"计划举世瞩目。由此可见，蛋白质组学虽然问世不到 10 年，但鉴于其战略的重要性和技术的先进性，西方主要发达国家在这一新型领域争先恐后、均已投入大量经费成立相关研究中心和平台，全面启动此领域的研究。

（二）国际人类蛋白质组计划已经启动

2001 年，国际人类蛋白质组组织（HUPO）成立，提出了人类蛋白质组计划（Human Proteome Project，HPP）。"人类蛋白质组计划"是继"人类基因组计划"（Human Genome Project，HGP）之后最大规模的国际性科技工程，也是 21 世纪第一个重大国际合作计划。由于蛋白质组研究的复杂性和艰巨性，人类蛋白质组计划将按人体组织、器官和体液分批启动的策略实施。首批行动计划包括由美国牵头的"人类血浆蛋白质组计划"和由中国牵头的"人类肝脏蛋白质组计划"。由德国科学家牵头的"人类脑蛋白质组计划"即将启动，由日本科学家牵头的"糖蛋白质组计划"正在酝酿。此外，为了加快人类蛋白质组研究计划的进程，为该计划的顺利实施提供技术支撑，国际人类蛋白质组组织还启动了系列辅助计划，如大规模的抗体计划，生物信息学计划，蛋白质组关键技术研究计划等。

（三）许多国家和地区建立蛋白质组学术组织并踊跃参与国际计划

人类基因组计划的转瞬告捷，极大地增强了生命科学家挑战自我的信心。欧美以及亚太地区所有著名的研究院所和大学在其雄厚的生命科学研究基础的支持下，都不同程度、卓有成效地投入了蛋白质组学研究，并从不同的专题、不同的视角对人体乃至整个动、植物界进行广泛的蛋白质组分析，在科学意义上寻求物种起源和物种构成的基础。目前以"人类蛋白质组组织"命名的国际性机构虽然只有 HUPO，但其在国际上的响应程度非常高，亚太地区成立了 AOHUPO、北美地区成立了 AHUPO，日本、韩国、加拿大以及中国与中国台湾等相继成立了 JHUPO、KHUPO、CHUPO、CNHUPO、THUPO 等，欧洲众多国家的 HUPO 更是像雨后春笋一样破土而出。目前，全球各大研究机构中从事蛋白质组研究的科学家纷纷联合起来，达成广泛共识，正在有组织、有计划、分重点、分专题地全面实施人类蛋白质组计划。人类蛋白质组计划已经打破当初仅少数国家参加并垄断人类基因组计划的历史局面，开创了人类有史以来首次真正的全球性科技合作。

（四）许多跨国公司和企业纷纷投巨资于蛋白质组科学与技术领域

独立完成人类基因组测序的 Celera 公司已宣布投资上亿美元于蛋白质组领域；日内瓦蛋白质组公司与布鲁克质谱仪制造公司联合成立了国际上最大的蛋白质组研究中心。有基因组研究基础的公司，由于具备规模化的技术平台和超级计算机系统，直接瞄准人类蛋白质组整体数据的大规模采集与整合，如 Celera、LSBC、Myriad、GeneProt 等；更多的公司则利用自己上游研究雄厚的基础，集中力量在某一领域，如 Ciphergen 重点发展蛋白质芯片技术，以此来筛选药物靶标；Proteome Factory AG 主要致力于神经变性疾病和肿瘤蛋白质组学研究，识别在疾病发生过程中的疾病标志物；GeneProt 利用自己规模宏大的技术平台聚焦于血浆蛋白质组的研究；Cellzome 致力于蛋白质相互作用的研究。另外，IBM、康柏、日立等大型计算机公司和生物信息学公司的加盟，进一步整合了系列样品前处理过程并提供了超级计算算法，使海量蛋白质组研究数据系统化，为科学家们发掘重要信息提供帮助，以此形成新的战略发展方向。此外，几乎所有的国际大型制药集团均无一例外地投巨资自行建立专门的蛋白质组研究平台、部门或与此领域的重要研究机构形成紧密的战略联盟。

（五）蛋白质科学与技术已经为国际生物技术企业与制药企业带来巨大的商业利益

据统计，全球十大生物技术公司 2000 年的销售总额达 110 亿美元，其主打产品几乎无一例外的均是蛋白质科学与技术研究的结晶,包括重组蛋白质、多肽、抗体以及血液制品等。如国际著名的生物技术制药企业 Amgen 公司仅靠 EPO 和 G-CSF,年净收入达 11 亿美元。此外,人类蛋白质组计划的实施,为全世界的科学仪器和试剂公司带来了巨大商机与利益。比如质谱研究与制造领域,新的软电离方式的发明及成功应用,使质谱跳出了只能分析小分子物质的局限,进而能够高灵敏度、高准确度、高通量地提供蛋白质一级结构信息,成为蛋白质科学研究产业化进程中必不可少的核心设备,如 Micromass 公司的 ESI-Q-TOF 串联质谱仪、AB 公司的 4700 型 MALDI-TOF-TOF 质谱仪、Bruker Daltonics 公司的系列 PSD-MALDI-TOF 质谱仪以及 Thermo Finnigan 公司的离子阱(Ion Trap)质谱仪。这些公司在此领域销售额的年增长均在数倍以上,其市场前景极为广阔、利润极为丰厚。在蛋白质组和蛋白质科学带来的巨大商业利益驱动下,质谱公司投入巨大的财力物力开发新产品,使得近年来的生物质谱新仪器几乎每年更新。除了生物技术公司和蛋白质科学仪器公司外,以生物信息学为龙头的计算机软硬件公司也是巨大的受益者。Protein Science 网站列出了 86 家从事蛋白质科学及其相关软、硬件技术研发的大规模公司,其中包括国际上的大型制药公司、生物技术应用公司、软件公司、质谱公司等等。据美国 Frost & Sullivan 咨询公司发表的有关资料,为满足世界各国实施蛋白质组计划的巨大需求,到 2006 年,全球蛋白质组学研究设备、试剂和服务等方面的市场需求将超过 1500 亿美元,2015 年全球市场总量超过 8000 亿美元。

总之,蛋白质科学与技术研究不同于以往任何一个科学命题,它已经远远超出了科学家的实验室范畴,贯穿基础研究—应用研究—产业发展的广泛领域,已经并将继续引领相关产业的发展与革新。蛋白质科学与技术将成为一个龙头学科,带动所有相关自然科学与技术的飞速发展,其研究范围的立体化,必将全面推动 21 世纪人类经济与社会的快速发展。

三、主要内容

（一）全面实施"中国人类蛋白质组计划"，在"国际人类蛋白质组计划"中发挥主导作用

主持并主体完成"国际人类肝脏蛋白质组计划"；积极参与"国际人类血浆蛋白质组计划"、"国际人类脑蛋白质组计划"；积极推动心脏、体液、干细胞等国际人类蛋白质组计划的启动，并力争其国际领导权或主导权。

（二）倡导并主持完成"国际水稻蛋白质组计划"

构建水稻蛋白质表达谱和修饰谱；建立蛋白质在发育时期的定位谱图和蛋白质相互作用图；建立水稻蛋白质的抗体库和功能蛋白质数据库；建立重要农艺性状的蛋白质组；完成调控重要农艺性状的功能蛋白质结构研究。通过项目的完成，大幅度提高我国水稻的质量及产量，加速实现我国人民丰衣足食的小康需求。

（三）完成重要生物代谢组计划、重要模式生物蛋白质组计划、重要病原体蛋白质组计划

实现基因组、转录组、蛋白质组、代谢组以及细胞组的系统对接；规模化利用突变型模式生物寻找疾病发生相关的蛋白质组、代谢组变化及其分子机制，发现新的药靶和诊断标志物；阐明病原体的重要基础代谢、调控和致病机制，提供有效药物及疫苗药物和诊断靶标，提高我国对重大疾病的医疗水平并提高对突发性传染病的应变能力。

（四）系统实施结构蛋白质组计划、药物蛋白质组计划和中药蛋白质组计划

完成一批有重要功能的蛋白质／靶蛋白质及其复合物的三维结构的测定；设计和研制一批具有国际市场竞争力的创新药物；揭示中药的蛋白质作用网络以及相关网络的调控作用，阐明中药复方的作用机理，推动传统中医药的现代化和国际化。

（五）建设国家级蛋白质科学与技术研究中心和基地

构建 2～3 个具有重大国际影响并做出重大历史贡献的国家实验室与国际研究中心；协力攻克制约蛋白质科学发展的技术瓶颈，建立具有自主知识产权的关键技术体系；培育一批生产尖端蛋白质研究设备与产品并能占领国际市场的高技术企业；开发具有重大医疗、经济和国防价值的高技术产品，培育并促进生物经济发展。

四、已有基础

中国在蛋白质科学与技术研究领域有着许多令人瞩目的研究成果。20 世纪 60～70 年代，我国政府发挥社会主义国家可以集中力量办大事的优势，跨系统、跨部门、跨学科组织全国相关科学家协同攻关，在胰岛素蛋白质全化学合成及其三维晶体结构测定方面相继取得了举世公认的突出进展，并在当时被列为诺贝尔奖的候选成就，开创了中国科学家联合进行大科学研究并取得重大成果的成功典范。在此基础上，中国在蛋白质科学与技术研究领域的人才队伍经过数十年尤其是改革开放 20 年来的建设与发展，已经形成了一支由数十位院士领衔、上百位中青年才俊担纲、由中国科学院若干研究所、教育部重点高校系列院系所和基础医学院（临床医院）以及中国医学科学院、军事医学科学院和中国中医研究院等有关所（中心）组成的、可进行大科学、大协作、大团队研究且已享誉国际的高水平研究队伍。

近年来，国家自然科学基金委（1998）、国家"973"计划（2002）、国家科技攻关重大专项（2002）、"863"计划（2002）等相继设立并启动部署了"蛋白质组学"、"结构生物学"相关的系列重大项目。军事医学科学院、复旦大学、清华大学、中国科学院、中国医学科学院等已经建立起蛋白质科学研究的高水平技术平台与基地，开展了人类蛋白质组学、结构生物学、水稻蛋白质组学、微生物蛋白质组学、代谢组学、药物蛋白质组学、生物信息学、中药蛋白质组学、模式生物蛋白质组学等研究，并取得了良好进展，在 *Nature, Science, Nature Biotechnology, PNAS, JBC, Cancer Res., Anal. Chem., Oncogene* 等高水平杂志上发表了一系列高质量论文，在国际学术界产生了重大影响，为进一步大规模开展蛋白质科学技术的研究奠定了坚实的学术技术基础。

2002 年，由我国科学家领衔的国际"人类肝脏蛋白质组计划"正式启动，*Nature, Science, Nature Biotechnology* 等国际著名刊物都用专栏报道并高度评价了这一重大的事件；2004 年，相应的中国"人类肝脏蛋白质组计划"也在政府的支持下进入启动阶段。国际人类蛋白质组研究组织的 2004 年年会即将于今年 10 月在我国北京举行。这些计划的实施，标志着中国科学家已经开始主导国际战略基础研究的历史舞台，启动了中国从科学边缘国迈向科技强国的历史进程，为我国全面推进并引领蛋白质科学与技术研究提供了难得的历史机遇与国际舞台。我国蛋白质科学与技术界有着辉煌的历史和光荣的传统。在众多学科交叉融合、广泛领域需求牵引之下，经过扩展、壮大的我国蛋白质科学与技术界，矢志发扬老一辈"两弹一星"、"胰岛素攻关"的精神，应民族之所急、想科技之所需，期望并深信能勇立潮头、引领潮流，团结协作、顽强拼搏，为民族复兴、科技强国作出新贡献。

纵观发达国家的经济社会发展史，一个国家要实现经济社会的长期稳定发展，必须对关键科学技术问题进行前瞻性研究，必须形成科学技术的原创性积累。我国是世界人口和地域大国，在知识经济时代，要实现整体振兴的战略目标，在关系国计民生的重要领域，不能也不可能全部依赖别国的基础科学研究成果来发展自己的应用技术，必须加强基础科学研究，形成自己的知识积累和知识产权。蛋白质科学与技术属于大科学研究范畴，集中力量深入研究，将批量增加对关系国计民生重大科学命题的创新性认识，形成独占性的经济社会发展的战略资源；可以打破西方国家在科学前沿和高新技术领域的垄断格局，开创中国引领世界战略技术发展的新局面，实现我国从科技边缘国到科技大国的转变，为最终成为世界科技强国打下坚实的基础；可以大大增强我国的科技竞争力，在国际上树立科技大国形象；可以培养一批科技帅才和大量英才，建设具有战略意义的国家科研重镇，为实现我国经济社会可持续发展提供强大科技支撑[2]。

---

2 **致谢** 陈凯先、施蕴渝、张启发、王志珍、饶子和、张玉奎、范海福、冼鼎昌、朱作言、裴钢、杨胜利院士，以及杨芃原、裴雪涛、徐宁志、梁宋平、钱小红、曾嵘、吴家睿、张成岗、刘思奇、薛永彪、金奇、徐建国、杨瑞馥、黄留玉、王恒樑、龚为民、徐涛、顾孝诚、杨晓、李松、蒋华良、张永祥、吕爱平、蔡少青、周宏灏、许国旺、马延和、李亦学、朱云平、刘湘君、陈超、骆清铭、陆祖宏、张祥民、蔡耘、邓玉林、张丽华、许丹科、王进科、董宇辉、杨秀荣、汤章诚、徐天昊、王松俊、王东根、刘超、郑俊杰、高雪等专家参与了相关讨论、建议书的撰写或提出宝贵意见。

大科学开启大数据、大发现新时代[1]

近代以降，人类文明迈入科技始之狂飙突起、继为时代先锋的新纪元。上个世纪，随着科学各领域的广泛交叉、科学与技术的深度融合以及科技与工程的风云际会，科技领域涌现出以曼哈顿原子弹研制计划、阿波罗登月计划、人类基因组计划为代表的大科学工程范式。一者不仅洞开微观世界之门，而且放出人类有文字记载以来所有最伟大的神话、最伟大的预言均远未企及的巨大核能。二者不仅使人类终于跨出地球——孕育并繁衍人类的摇篮，而且变宇宙天堑为人间通途，"阿波罗"作为光明之烛照亮了浩瀚的深空——人类未来的远征天路。三者及万物之灵长人类，通东西哲学之两极，不仅用还原论上"全元素洞幽的放大镜"，穷尽生命系统全部构成元件(基因)，因此将还原进行到"底"，散之为"理"，是为"太"；而且以整体论上"巨系统览胜的望远镜"，汇融万千元素为一体，将整合升华到"际"，统之为"道"，是为"极"；终而，理、道并驰，太、极映辉，集大成！此乃科技之盛，文明之幸。

大科学工程，是国家或国际社会以工程方式、计划手段、汇聚科技资源与

---

1 2015年1月30日《光明日报》摘要发表

力量整体推进重大科技计划的最新范式，是科学研究由传统的"手工小作坊"向现代大规模工场"生产"演进的一次革命。20世纪以来，它不仅开科技之新天，创大数据之源流；而且垦文明之荒地，通大发现之新洲。近年以来，风起云涌于全球的大数据（big data）浪潮，就发端并成名于几乎同时的物理学强子对撞机实验与基因组学之大科学研究。虽然无论文明之初的刀耕火种，还是文明之盛的潜海探天，史往今来的人类理性对自然、对自我的问究，无不经历数据、信息、知识与智慧四大范畴，其中，数据一直是理性之源，信息始终乃认知之流，而无关结绳计数还是电子超算；但是这些大科学研究终是以雷霆之力劈开兆里之海堤，奔涌滚滚滔滔、莽莽苍苍之数据洋流，正信息时代之本、清时代动力之源，瞬间蔚然成观：IT时代，有T，更有I！

大数据者，信息时代天下也！唯有源头活水来！"有名无实"的信息时代，王者终于君临。2011年起，世界数据总量进入ZB（10的21次方比特）阶段，并从此保持每两年翻一番的增长速度，走过了从量变到质变的拐点，正式进入大数据时代。正如美国总统科技顾问Stephen Brobst所说："过去3年里产生的数据量比以往4万年的数据量还要多。"大数据，由于其认识论上本质存在的复杂性，方法论上数据多元、多源、异构、海量带来的挑战性，目前尚难给予准确、公认的定义。当前，人类社会骤然爆炸的大数据无外乎三大范畴：人类活动直接产生的社会数据，人类监测所处环境的物理世界数据，还有科学界尤其是大科学计划所产生的科学数据。由于科学大数据其实验条件设计的严密性、测定的精确性、分析的严谨性，因此，它们是含金量最高的"极品大数据"，如将大数据比作时代之皇冠，科学大数据则被称为皇冠上的明珠。

科学是发现的"艺术"，发现是科学的基石。发现，基于对已知世界的认识、延于对未知领域的探索。一部科学史，就是一部厚积薄发的发现史：人类对某个领域的认知只有积累到一定程度后，才会出现一个或者少数几个划破历史长空的科学大家，应承时代的召唤、指引纪元的更替，促使重大发现蜂拥而至、喷薄而出，迅速汇聚成滚滚洪流，冲破已有理论信条的桎梏，开辟全新的理性认识境界，点燃一个或多个学科使其呈现爆发式成长、脱胎换骨乃至革命性突变，如此该学科领域可谓进入大发现时代。其中，厚积阶段通过积累大量数据而"聚能"，继而突破能垒、实施"点火"。历史上，大部分情况下，自发、散在的研究聚此势能往往需要数代人的穷经皓首；而大科学范式的"兵团作战""连续高强度作战"则以空域或/和领域维度上的大规模换取甚至超越时域维度上的长尺度，以空间换时间，实现今朝一日、史上数年；如大型强子对撞机，对"上帝粒子"的重大发现，并进一步解释了粒子为何拥有质量并演化为万物；人类基因组关联研究，在10年内有关其一系列重要功能基因、重大致病基因的发现十倍于前一百年。它们表明，大科学不仅造就大数据，而且会孕育大发现。

大科学研究范式，始于苏联，成于美国；起于帝国之争，盛于帝国之锋；手握者，掌天下；久违者，远天下。大科学研究之集体主义精神，与我社会主义核心价值观如出一辙；大科学研究之整体论哲学，与我昌行数千年的东方哲学一脉相承。邓小平同志亲自奠基的电子对撞机开启了我国大科学设施的新纪元，深圳"华大"的基因组研究已执世界牛耳，军事医学科学院牵头的"人类肝脏蛋白质组计划"已开现代中国领导世界科技计划之先河。日出东方，王者归来，大科学开启大数据、大发现新时代，执旗旌者时不我待！

一、大科学成就王者

科学的诞生，源于人类理性觉醒之后至真、至美、至善的可思性内生张力，力在悟性；而科学的鼎盛，则在一定程度上赖于其实用价值，尤其是独特价值突显后社会至实、至用、至效的可视性外在引力，力在物性。正因如此，科学在最近500年间不断鼎新人类文明的同时，自身也被现代文明彻头彻尾地重塑，如科学研究体制与模式。17世纪以前的上千年，科学研究活动一直以最初的个人（或学派）自由研究为主，18世纪发展到松散的学会（或无形学院）形式，再到19

世纪开创的团队模式（即教授带研究生助手），20世纪则迅速上升到国家规模甚至国际规模。进入新世纪，科学已真正成为一项重要的社会事业，甚至成为国家或地区重要的战略产业，科学技术纵横捭阖的一体化潮流势不可挡。一方面科学整体化、技术群体化，另一方面科学技术化、技术科学化。其中，大科学研究范式一马当先，谱写了不朽的春秋，当代全球产业的风向标——从信息技术、空间技术到新一代生物技术，无一例外均来源于大科学工程。美国更是凭借一系列大科学计划拔地而起、脱颖而出，首超欧洲之师、继越苏联之敌，"一骑绝尘"，迅速成为人类科技史上新的"盟主"。

美国科学的兴起，主要得益于英国的科学传统和德国的科学体制。一方面资本的生产力创造的强大物质基础，另一方面独立战争与南北战争所创造的社会民主空气和实用主义哲学的深刻影响，使美国科学的起飞一开始就踏在"巨人的肩膀上"。整个19世纪，这个年轻的国家以其技术上的创造性闻名天下。1890年，美国工农业生产总值超过英、法、德，位居世界首位，但此时的美国科学只是"再版的英国小科学"和"再版的德国实验室"。美国虽然爬上了"巨人的肩膀"，但并未在其肩膀上站起来。美国科学的起飞，严格来讲是在第一次世界大战以后，更确切地说是在创造性地实施两大科学工程（即曼哈顿计划和阿波罗计划）之后。

1941年12月，珍珠港事件爆发；1942年，曼哈顿原子弹研制计划实施，标志着美国"大科学"研究的开始，同时也揭开了人类进入"大科学"时代的序幕；1945年，两颗原子弹相继在日本爆炸，迫使日皇求败、宣告"二战"结束。1957年，苏联人造卫星上天，美国随即掀起了以"阿波罗"登月计划为标志的第二次"大科学"研究浪潮。后来正是凭借曼哈顿计划中发展的原子能技术以及从阿波罗计划中开发的制导和控制领域的新技术，美国主导了战后50年全球武器装备的革新。而曼哈顿计划中发展起来的1～5代计算机技术，尤其是网络技术，阿波罗计划中完善的卫星技术直接构成了当前信息化军事革命的基石，正是它们把美国送上了一尊独大的"霸主"地位。两大科学工程还不仅保障美国赢得了"二战"、赢得了冷战,而且令其茅塞顿开,进而确立了美国政府不因党争、轮替而动摇的"铁石战略":全力实施大科学计划,稳固其超一流科技大国的地位,并以此为龙头带动美国高技术的发展。确实,每当美国政府感到需要调动全国科研力量进行攻关,用科技促进国家安全和美工业在国际上竞争力的时候,它就会推出"大科学计划";而且,美政府"领导世界"的欲望越强,面临世界经济和军事竞争的压力越大,其大科学计划的规模就会越大,项目就会越多。美国一直自我标榜是长期搞市场经济、崇尚自由、反对"计划"的国家,但就是在这样一个国度里能再三动员和集中国家规模的科技资源于大科学研究的攻关上,足见其大科学计划背后国家战略至上、原创战略制胜的灵魂和"法宝"。美国这种单独"领导"(单权)和支配世界的欲望,决定了它必然把有益于提高综合国力的"大科学计划"继续下去。冷战结束,星战计划受阻。中国崛起,脑计划新启。其中况味,值得深思。

正如信息化军事革命,美军全盘借用苏军革命性理论一样,"规划科学",甚至"大科学"模式,美国同样是悄悄接受苏联"十月革命"后创立的理念。苏联在 20 世纪 20 年代首创的"大科学"事业和"规划科学"思想,在西方起初被视为"布尔什维克瘟疫"一样不齿的东西。但是,第一次世界大战和经济大萧条迫使资产阶级政治家懂得"科学的应用并不是科学本身能解决的问题,而先发现人类的各种需要,然后再经精心思考和严密计划,才能找出方法,从而满足这种需要。科学功能的这种萌发意识,确是 20 世纪社会革命最突出的特征之一"。这里,英国科学史家贝尔纳一针见血地指出了"十月革命"对"大科学"形成的历史贡献。苏联的"规划科学"思想,通过 1931 年在伦敦召开的第二次世界科学史大会传到西方。此次大会,苏联派出了以布哈林为首的代表团,苏联学者充满革命与科学精神的论文,一下子把一个科学史的全新视野展现在西方地平线上。正是此次会议后,贝尔纳开始了其英国与苏联的穿梭式访问,考察后发现:借助"大科学"计划,苏联的科技事业特别是关系到国家安全的国防科技和工业科技突飞猛进,发展水平与美国并驾齐驱，发展速度甚至高出一筹。进而令他确信："苏联的'大科学'模式是对的，苏联的规划科学取得了成功"。以其为首的西方左翼集团从此开始科学学研究，从不同角度、不同层次对"大科学"思想进行论述，继而出版了享誉全球、载入史册的著作《科学的社会功能》。战后，贝尔纳还自觉地将"大科学"原则应用于英国科学和西方各国科学事业的重建上。1962 年，美国科学学家普奈斯青蓝相继，出版名著《小科学，大科学》，正式使"大科学"思想登堂入室，美国集"大科学"实践、理论之大成。

　　根植于苏联的"大科学"思想随着共和国的新生也传到了我国。20 世纪 50 年代初，积弱积贫上百年的祖国已达几近崩溃的边缘，我党执政后面临百废待举、百业待兴的紧迫任务。在西方全面围堵、封锁的背景下，我们别无选择地走上了苏联兴国强军的国防科技发展道路，这就是"规划科学""大科学"上的发展道路。我们在如何确定国防科技发展方向、选择重点攻关领域方面，充分借鉴苏联"老大哥"在"规划科学""大科学"上的成功经验；在如何调集力量、组织攻关方面，大力发扬我党在长期武装斗争中所积累的"集中优势兵力打歼灭战"和"大兵团协同作战"的成功经验；在兼顾科学决策与行政管理权威方面，我党大胆起用钱学森、钱三强等一批培养于旧中国、成长于西方列国，但拥有强烈爱国心和卓越科研、管理能力并在专业领域具有强大号召力的科技领军人才。事实证明，这条道路是正确的，大科学模式不仅在美国可行、在苏联可行，在我国也是完全可行的。两弹一星，不仅护佑了新生的人民共和国，而且令中国人民从此挺起腰杆，并正为中华民族的伟大复兴、正为王者归来保驾护航。综合上述分析，不难看出，"大科学"之道，是自强之道，更是王者之道。

二、大数据呼唤王者

　　大科学的王者之道始于大数据的产生。人类历史上的大数据，源于科技领域，确切地说是源于大科学研究。曼哈顿原子弹研制计划打开了微观世界，并开创了借用人造的大科学设施洞开微观世界的崭新科学方法论，以此为依托启动了一系列大科学计划，它们产生了史无前例的超大规模数据。如位于瑞士日内瓦欧洲核子研究中心、由全球 85 国逾 8000 位物理学家合作兴建的大型强子对撞机（Large Hadron Collider，LHC），2008 年开始试运转后，数据量即达到 25PB（10 的 15 次方比特）/ 年，2020 年完全建成后将达到 200PB/ 年，因此他们率先创建了"大数据（Big Data）"的概念。无独有偶，旨在测定人类基因组 30 亿碱基遗传密码的基因组计划，进行个体基因组测定时数据量即已高达 13PB/ 年。而在完成此计划后，国际生物医学界受其鼓舞又开展了一系列遗传背景迥异、不同疾病人群的基因组测序计划，以及大量其他物种的基因组测序，数据量迅速逼近 ZB 级（是 PB 的百万倍），他们终日与海量数据为伍，因此也不约而同地创造了"大数据（Big Data）"概念。今天人们常用的互联网最初就是这些领域的科学家为解决海量数据传输问题而发明的。由此可见，大科学是大数据的先驱、摇篮，大数据是大科学的必然产物。

人类理性对物质世界、人类社会和精神世界的认识，其最高境界是智慧；而要达此境界必然经过数据、信息、知识三个层阶；其中，数据是信息之母、知识之初、智慧之源。随着信息技术持续数十年的迅猛发展以及人类社会各行各业信息化的强力辐射，在人类纪元新世纪、新千年的钟声敲响不久，文明世界就掀起了史无前例的大数据狂潮，其奔涌之疾、升腾之烈，不似海啸，胜似海啸。人们欢呼，因为它是摧枯拉朽、一往无前的狂飙，将以势不可挡的革命性力量，开辟新的天地；人们恐惧，因为它是行不由缰、漫无方向的野马，可以桀骜不驯的破坏性力量，击毁绚烂的泡影。此时此刻，人类需要冷静！人类必须理性！

人类文明迄今经历了三次浪潮：第一次是农业革命，数千年前出现并持续数千年，释放出"物之力"；第二次是工业革命，数百年前出现并持续数百年，释放出"能之力"；第三次是智业革命，数十年前开始孕育，目前正处初级阶段，将不断释放"智之力"。1980 年，托夫勒预言了这次新起的文明，并明确指出这次文明将以信息化为标志。其后，恰如其料，技术与文明的信息化有如神助，在人类社会各领域、全球各地域甚至更广阔的空域天域，似地火一般地点燃、普及。信息社会、信息文明似乎转眼间唾手即得，更有大数据时代的"即时"到来好像为此作了昭然若揭，甚至一目了然的注解。冷静分析，实则不然！数据是信息之母！没有数据，何来信息？缺乏数据的时代，怎能是名副其实的信息时代？而刚刚才来的大数据时代，恰恰表明此前是数据欠缺的"时代"。此前，人类发现、开辟的大量全新的数据空间，构建的超大型数据生产"工厂"、超大型数据仓库，建设的"信息高速公路"及其四通八达的网络，为大数据的涌现及其广泛应用确实提供了充分的先决条件，但它们仅是大数据时代的摇篮，而不是摇篮里的婴儿。

数据是信息之母，但再好的数据也不会自动生成信息。大数据得来不易，但转化为大信息更难，而不能转化为大信息的大数据就是横亘于人类认知之旅的理性黑洞、知性沙漠。实际上，人类理性跨过蒙昧之初，就拥有了将数据转换为信息的能力，这也是智人与直立人的分水岭。然而，面对时下大数据时代奔涌的多元、多源、异构的海量数据，无论是被美誉为"孕育了现代科学、被称为现代科学之母"的统计科学，还是应大科学之运而生、当今正如日中天的数据科学，都还只能是望洋兴叹、手无良策。域之大，成就王；天下之大，必统于王。沧海横流，方显英雄本色；天下大乱，必有王者兴。今日之大数据，明日之大信息，扭转乾坤者，依笔者见，还属革新后的统计科学与数据科学也。

信息虽然衍进自数据、珍贵于数据，但也只是数据通向知识的中继站。知识，是人类理性认识世界的结晶，是人类社会改造世界的基石。正如培根 1620 年在其拟著《伟大的复兴》中豪迈地预言：知识就是力量！大约 400 年后，人类终于迎来"知识经济时代"！知识经济，作为人类社会经济增长方式与经济发展的全新模式，被呼为经济领域的哥白尼革命，其基本特征是：知识运营为经济增长方式、知识产业成为龙头产业、知识经济成为新的最活跃的经济形态。由此可见，知识不仅是力量，而且是当下时代最核心、最强劲的先锋力量！但我们同时必须清醒地认识到：大数据与大知识，尚隔两重天，如将大数据比作洪水、比作奔流，它只有首先蒸发为大信息的气流，继而升腾为大知识的彩虹，才能气贯长空、一飞冲天而成为引领知识经济时代的"巨龙"。

三、大发现非王者莫属

智慧是人类理性认识万千世界的最高境界。现代人之所以称为智人，人类之所以被誉为生物界万灵之灵长，最要处正在于人类独享万千世界灵之光——智慧。智，物之际；慧，悟之化。有智慧一说："智，法用也；慧，明道也。"万则从于法，万理统于道。天下智者莫出法用，天下慧根尽在道中。慧足千百智，道足万法生。一言蔽之，智慧者，道法也。道，天籁之空音；法，人籁之绝响；天人合一乃至真、至善、至美，终于，道为王道，法为王法。

天道酬勤，天法亦酬勤。科学史上的大发现时代一直鱼贯而行，始于道而终于法。

毕达哥拉斯学派开启了科学的第一个大发现时代。他们集中证明：算术的本质是"绝对的不连续量"，音乐的本质是"相对的不连续量"，几何的本质是"静止的连续量"，天文学的本质是"运动的连续量"；终成"数即万物"学说。

地理学的"大发现时代"爆发于短短的 30 年，却影响了近来世界五百余年的格局。1485 年哥伦布发现北美大陆；1497 年迦马发现印度洋；1498 年哥伦布又发现南美大陆；1519 年麦哲伦发现南美大陆最南端海峡，从而寻到大西洋直达太平洋的通路；1521 年麦哲伦通过此海峡发现太平洋，从此开启近代东西方文明交融之道，大探险成就了地理学的"大发现时代"。

17 世纪初，基于第谷终身积累的海量数据，开普勒首次实现了对太阳系几乎所有天体运动规律的高度理论概括，因而被誉为"天空立法者"。同时期，伽利略亦通过大量观测，先后发现了运动的第一（匀速）、第二（匀加速）定律，被冠以"近代实验科学精神的创造者"。而开普勒、伽利略等的系列大发现，迅即催生了牛顿的集大成时代。直到19世纪末，牛顿力学统一了声学、光学、电磁学和热学，"万有"的牛顿定律几乎支配着小到超显微粒子、大到宇宙天体的整个物质世界。经典物理学的集大成完全基于大量观测、海量数据、理论综合。

20世纪被称为基因的世纪。1900年，重新发现孟德尔遗传定律；1910，发现基因连锁定律；1944年证明遗传物质为DNA；1952年，发现DNA碱基组成定律；1953年DNA双螺旋模型问世，并指出碱基排列顺序就是携带遗传信息的密码，迅即掀起了生物科学史上最惊心动魄、人类文明史上最波澜壮阔、划时代的分子生物学的兴起！它洞开了万古遗传之谜及其遗传密码！揭示了统一万千生命世界的中心法则！产生了比"创世上帝"更伟大的基因工程！

21世纪的大科学研究，不仅开启了大数据时代，而且也光大了大发现时代。例如，人们通过大型强子对撞机，在不到五年（2008—2012）的时间里，就实现了对"上帝粒子"（希格斯玻色子）的重大发现。希格斯玻色子的存在是最新一代大一统理论即"标准模型"提出的预言，而此模型是统一描述物质世界强力、弱力和电磁力这三种基本力及组成所有物质的基本粒子的理论，从而揭示了基本粒子为何拥有质量并演化为万物的"至理大道"，向人类破解宇宙诞生之谜迈进了一大步，因此在其发现的第二年，预言者即被授予诺贝尔奖。而此惊天大发现出自大设施、源于大科学、成于大数据、归于大智慧。

人类基因组计划开启了生命世界的大科学时代。在十年弹指间，人类不仅豪迈地完成了自身基因组30亿碱基这部"天书"的完整序列测定，还意外地发现其基因总数只有区区的两万、破除了十万基因的"神话"！并使人类理性阅读亿万年生命进化中亘古累积、造化"神就"、"通灵达慧"的奥秘成为可能，仅此意义就不亚于燧人取火、点亮文明之光。而其后的人类基因组关联研究，10年间对于人类重要功能基因、重大致病基因的发现则十倍于前一百年的总和！毫无疑问，这是大科学推动、大数据飞翔而造就的生命世界大发现时代。

20 世纪下半叶至今，人类积数千年文明之历史硕果，凭数千年未有之时代东风，在不到 50 年的时间内，接踵迈入了知识经济时代、信息时代、大数据时代。虽然时代之序看起来逆"数据→信息→知识→智慧"之逻辑，但归根结底，它们预示着人类社会正在走向集大成的最伟大时代——智慧时代！正如莎士比亚所言：凡是过去，皆为序曲。人类在相继凭借"物之力"完成农业革命、竭尽"能之力"实施工业革命后，正志力于解放宇宙间物之极、悟之际、最神奇、最微妙、惊天地、泣鬼神的"智之力"，以发动人类文明史上再造乾坤、登峰造极、集大成的智业革命！人类的前程又到了一个新的转折点。

"人脑是自然界最复杂的系统，认知、意识、情感产生机理是自然科学的终极疆域，解读人脑成为国际科技竞争的巅峰战场"。2013 年以来，集大科学、大数据、大发现之大成的"人类脑计划"相继在欧洲、北美洲、亚洲依次展开。就像曼哈顿计划、阿波罗计划开启了知识经济、信息社会、大数据时代一样，人类基因组计划、人类蛋白质组计划、人类脑计划正开启集大成的最伟大时代——智慧时代！

万物有生则机，生物为万物之太；万生有灵则智，智慧为万象之极；人类，出乎生物之群、拔其智慧之萃，地球之主，非我莫属。中华文明，开智、明慧5000 余年，独立史间；中华民族，十四万万之众，自强不息、足及全球，特行世间。万物，衡于中；万象，和于华；"中""华"，应集万物万象之大成。日出东方，王者归来，可期新的时代。

大科学，是王者之道。王者之道，要在方向，重在领域。方向，要在独到；领域，重在精到。大数据，是信息时代之天下、人类理性之源流，但我们只有将其首先蒸发为大信息的气流，继而升腾为大知识的彩虹，它才能气贯长空、一飞冲天而成为引领知识经济时代的"巨龙"。大发现，是洞开新世界的"法眼"、远征新大陆的"飞船"。法眼，力在"悟"；飞船，功在"空"。"悟""空"者，行者，东方明哲。

智库之要在"望闻问切"[1]

大时代呼唤大思想，大思想成就大智库。智库，既是思想库，更是智慧库。智慧之要，在望闻问切，即"四纲"。望，在世之独见、史之远见；闻，在历史绝响、时代强音、未来先声；问，在天之理、人之伦；切，在时弊要害、时代脉搏；共"九目"。

扁鹊总结的中医四诊望、闻、问、切，是国医断病的基本纲领，古今一脉相承。《难经》言，"望而知之谓之神，闻而知之谓之圣，问而知之谓之工，切而知之谓之巧。"古人云，上医治国、中医治人、下医治病。故此，神、圣、工、巧，国、人、病，同治。

一、望——世之独见、史之远见

中医望诊主要了解患者神、色、形、态之异，其要在见异。而智库，无论在何领域，研究何课题，其最终的、最成功的产品——思想，必须对研究对象拥有特立独行的异见，即望之有独见。2002 年，美国国家情报委员会委托兰德公司

1《国防参考》，2015 年第 6 期，108-110 页

评估中国未来军事力量。当时，以美国为代表的国际社会"中国威胁论"甚嚣尘上。兰德分析认为，尽管中国的军事力量迅速增长，但短时间内不会成为美国对手。被对华"恶性情绪"萦扰的国家情报委员会，认为这一结论无法接受。但兰德坚持自己的结论，即使情报委员会要毫无情面地撤销委托，也不作任何妥协。兰德的这种世人皆醉我独醒的独见，赢得了历史的尊敬。独见，是智库的个性；坚持独见，是智库应守的独立、理性的本分。丢弃它们，智库将无地自容。

　　智库靠自己生产的思想而行之于世，其思想的传播空间、影响时间决定着智库的发展空间与生存寿限，而它们很大程度上决定于所提供思想的远见性。"明者，见于无形"。常言道：思之不远，行之不广。何以思远？登高才能望远。东汉末年，始有盖世曹操、败将刘备青梅煮酒，刘备登魏武之高，望英雄乘时变化、纵横四海之远；继有皇叔刘备三顾茅庐，登布衣卧龙孔明之高，望三国鼎立之远；终有［隆中对］登荆州、益州、巴州之高，望"两汉以来无双士、三代而后第一人"之远。不难看出，正是［隆中对］之远见，成就羽扇纶巾者诸葛千秋之"智神"。

二、闻——历史绝响、时代强音、未来先声

　　耳鼻是闻诊的主体，而智库就是社会的耳鼻。"问题是时代的声音"，而任何一个时代的"黄钟大吕"，均离不开三声：历史绝响、时代强音、未来先声。如果说聪者闻于无声，那么智库就应以先于社会闻此三声为天职。

　　历史绝响，实为集历史之大成。物虽有常性，微若浮尘，垒土成台，也可立峰造极；事故有常势，气凝点滴，风生水起，亦能雷霆万钧。常理，从微尘难见极峰，自气滴难及雷霆，唯有集大成方能点石成金，而成全者，非智者莫属。二十世纪科技的绝响是原子弹爆炸，成就此绝响的是曼哈顿计划，而此计划的最大动力是爱因斯坦与波尔联名给美国罗斯福总统的建议书。建议书指出：汇聚现代科学与技术的众多突破，人类已能研制威力数千上万倍于现有武器的核武器；

此类武器可改变二战的格局甚至人类的命运。无疑，这一历史绝响源于两大科学巨擘的集大智慧之闻。

时代强音，特指时下万籁之魂韵。所有时代都无不以万象为云、时尚为水、强音为晶。禅家有语"云在青天水在瓶"，可续半句"云水入眼晶上心"。人所周知，云，漂不留痕；水，流不定形；晶，微不可名。更有甚者，当下的人类社会进入了一个多样性、复杂性已为空前且还在疾速、加速发展的时代。对此，惟有智者，方能拨云见日。上世纪80年代，面对世界高技术蓬勃发展、国际竞争日趋激烈的严峻挑战，王大珩等提出"关于跟踪研究外国战略性高技术发展的建议"。中央果断启动实施了"高技术研究发展计划"，以前沿技术研究发展为重点，统筹部署高技术的集成应用和产业化示范，充分发挥了高技术引领未来发展的先导作用。不难见，时代强音，在未敲响之时，如同微晶，难以名状，埋没于世间喧嚣中，只有智者能闻于无声。

未来先声，乃是未来先河之声。历史上，常常是先者胜，胜者王；常常是谁见事早，谁就能紧握未来的主动权、主导权。而近代以降，洋奴哲学充斥我国社会各领域，国人自信丧失殆尽。历经百余年英勇抗争、六十载励精图治，如今的中国从未如此接近伟大的民族复兴、从未如此接近世界舞台的中心。"中国应当对于人类有较大的贡献"。为此，我们必须更多地闻未来之先声、开历史之先河！这是13亿中国人的时代使命，开人类未来之先河！更是我国智库的时代使命！勘未来先河之蓝图！

三、问——天之理、人之伦

问诊是四诊中由表及里、由末及本的重大突破。"善问者如攻坚木"。问，是人类有别于动物之最大的禀赋与天性，也是人类理性与文明世界之肇始，可以说无"问"则无"文"。问，是射雕之矢；问，是通天之擎。问，可发于认知之谷；问，可起于文明之峰。前者虽是无知之问，但可辟地开天；后者应是尽知之问，亦可再造乾坤。

古有屈子［天问］，仅区区 1560 字，却皇皇 175 问。问"天地万象之理"，问"存亡兴废之端"，问"贤凶善恶之报"，问"神奇鬼怪之说"。问起天荒地老，问得天撼地动，五千年中华文明史无出其右！两千多年后的今天，现代科学如此发达，［天问］中的不少雄问仍是"天问"！天行健，君子以自强不息；地势坤，君子以厚德载物。智者，应以天地之理为至亲；智库，当以天下万物为情怀。

今有詹克明［人问］，"我是谁？我从哪里来？我到哪里去？"与其说这是一串基本的哲学问题，不如说这是一个完整而严峻的生态问题。地球在其存在的 46 亿年中，发生了两件堪称开天辟地的大事件："生命"和"智能"的诞生。它们分别开启了生物进化和文化进化，前者以人类的出现为终结，后者以人类的出现为开端，二者最终使人类成为地球唯一的主宰。［人问］指出：几乎所有人类文明都是对自然规律的"反向"利用；人类不能死抱着弱肉强食的"丛林法则"，仍旧把自己等同于生物进化中的一个"动物"；人类要想真正将文化进化持续几个地质年代，就必须将"人类圈"的全部活动纳入大自然的循环之中。换言之，全人类要清醒：天人合一，这一中华文化的"金科玉律"是地球与人类行之以衡、持之以久的天理大道、人伦大法！

四、切——时弊要害、时代脉搏

切诊使中医四诊首次走出思辨而进入实证。切诊包括按诊和切脉。按诊关键，在找准要害部位；切脉之要，在把准脉搏征象。无论是对病，还是对人、对国以至世界，确保所认识症结的准确，核心在于真切。切，为行之绝；切，为度之极。一刀两断为切，如切中时弊要害；细密无间也为切，如切准时代脉搏。二者正为我国不少智库当前所缺如。

只有切中时弊要害，才能确保当前中国智库研究的底线。守不住此底线的研究将会形同虚设、似是而非甚至误导视听、祸国殃民。纵观近 500 年世界历史，

刍议时代

几乎每一个强大国家的崛起，都伴随着"高速路上变轨"、新旧矛盾交织、内外冲突频仍的严峻挑战，胜者一骑绝尘，败者沉入陷阱。近现代历史还表明，几乎每一个强大国家的成功崛起，都有其强大智库的保驾护航。中国智库迎来了真正的春天！但我们必须首先守住底线！

只有切准时代脉搏，才能架通当代中国智库的天线。我们必须真切感应人类文明中历史的回响、时代的强音、未来的先声及其串联而成的历史脉搏；我们必须深切体察当代中国人民的呼声，以及中华民族与全人类社会同呼吸、共命运的时代脉搏。时代是真正的导师！"它集聚新的激情与梦想，也纠正世间的谬误与荒唐；它彰显隐匿的真理与荣耀，也慰藉人类的苦难与创伤"。智者必须以时代为师！

历史一再表明，每个不曾起舞的年代，都是对时代的辜负！时代，不可辜负！中国时代，绝不容辜负！未来必将证明，时代成就者，定有智库！成就智库者，非"望闻问切"之大智慧莫属！

对生物科技引领下一轮军事革命的
思考与建议[1]

　　纵观人类文明史，科技革命不断催生军事革命，进而深刻影响政治、经济、社会等广泛领域。当前，以信息化为核心的新军事革命取得重大进展，以生物科技为代表的新一轮科技革命正在孕育。生物科技及其与信息、纳米、认知等技术和科学的交叉融合，将对武器装备、作战空间、作战方式、战争形态等产生深刻影响，在助推信息化深入发展的同时，逐步引领信息化军事革命向生物化军事革命转变。

一、信息化军事革命发展态势的分析

　　军事革命是人类社会运动的一种特殊形式。纵观历史上的军事革命，可看到这样一条铁律：人类文明的每一次大的发展，都为军事革命奠定坚实的社会基础。特别是在游牧社会向农业社会、农业社会向工业社会的转型期，相应地发生了全面军事革命，即冷兵器军事革命、热兵器军事革命和机械化军事革命。当前，世

1《国防参考》，2014 年第 5 期，27-29 页

界文明正由工业社会向信息社会转变，信息化军事革命也因此正在蓬勃展开。

（一）信息化军事革命最晚将于本世纪中叶基本完成

从历次军事革命的发展过程看，新一轮军事革命总是呈现出较上一轮加速发展的态势。金属化军事革命大概经历了 1500 年；火药化军事革命大概经历了 500 年；机械化军事革命大概经历了 200 年；信息化军事革命从 20 世纪 80 年代肇始至今，已进行约 30 年。一般认为，代表新技术形态的武器装备的大致攻守平衡、适应性的军事体制编制调整标志着一轮军事革命基本完成。当前，以美军为代表的信息化军事革命已逐步进入攻守大致平衡、体制编制调整阶段，专家预测，信息化军事革命最晚将在 21 世纪中叶基本完成。

（二）信息化军事革命发展完善存在新的需求

一是完善战争认知系统的需求。战争体系在宏观上可分为作战行动的实践系统与进行战场感知、判断和决策的认知系统。随着军事信息化步伐的加快，以电磁脉冲武器等为代表的信息破坏武器发展日益迅猛，夺取信息优势、保护战场信息获取、保持信息流畅通的信息安全重要性日益凸显。与此同时，对实时海量信息处理、迅速形成决策优势的要求越来越高。以计算机网络技术为基础的信息技术本身已不能完全满足这一要求，迫切需求新的技术来完善信息化战争的认知系统。

二是拓展更新军事要素的需求。信息化时代之前数千年战争形态都属于物质、能量主导型战争，机械化战争使物质、能量主导型战争达到最高水平。信息化战争增加了信息要素，物质和能量要素都要受信息要素的主导，属于信息主导型的战争。随着信息化深入发展，对智能特别是人的智能的发挥、利用提出了新的要求，战斗力构成要素将再次拓展，增加智能要素。在未来，物质、能量和信息要素将受智能要素的主导，出现智能主导型战争。生命科学，尤其是脑科学将是智能主导型战争的科技支撑。

三是拓展作战空间的需求。物质形态包括固体、液体、气体，以物理学为代表的物质科学对自然界的认识始于固体，继而液体和气体，终于真空。无独有偶，物质科学的发展及军事应用，使战争由陆地依次拓展到海洋、天空。信息科技的发展及军事应用，使战争进一步向太空、深空、电磁空间延伸，并使战场空间趋于极限。战场空间的进一步拓展，需从空间的哲学概念中寻求新的突破。从哲学的层面看，空间可分为物质空间、信息空间和认知空间。信息化战争之前的传统作战在物质空间进行，信息化战争将战场空间由物质空间拓展到信息空间。目前，认知空间还没有成为战场，但随着生物科技的革命性突破，记忆、学习、决策、情绪、意志、精神、智慧等认知空间将成为新的战场空间。

四是提升作战效能的需求。对作战效能的更高追求将促进信息化军事革命向智能化发展。当军事系统真正达到智能化状态时，才能实现对战争时空和进程的高效、精确控制，最大限度地发挥信息化战争的军事效能。目前，信息化战争的智能水平尚处于计算机辅助决策和精确制导武器结合的初"智"阶段，必将向以脑科学、神经认知等为代表的生物科技寻"招"，实现作战效能的智能化融合与革命性跃升。如果说核能（＝物质质量 × 光速^2）远超过火药的爆炸能，那智能化的效能 $\{=[（物质质量 × 能量）^{信息}]^{智能}\}$ 将远超过核能。

（三）信息化军事革命存在自身的瓶颈

一是物之理的问题。基于物质科学原理的武器正接近其极限，基于并整合武器系统、引发信息化军事革命的微电子技术也正日益逼近其空间、能耗和散热等物理极限，突破此类极限，一部分已无可能，另一部分虽可提高较小幅度，但效应甚微，且费用太高、效费比太低。

二是生之理的问题。信息化战争条件下，复杂的单兵装置、面临的极端作业环境以及高强度的作业负荷日益挑战军人的生理极限，作业能力的突破及其高位维持必须期待更新的技术。

三是心之理的问题。信息技术将导致未来战场信息海量释放，"战争迷雾"不减反增，作战指挥人员脑信息负荷超载的问题急需新的技术解决途径。意识干预等新作战样式的出现，将使认知和心理成为战场的一部分，甚至是决战决胜的核心部分。

四是伦之理的问题。信息技术只能附着在物质能量技术革命带来的竞毁观念和相应属性的武器系统上，不可能超越人类已延续数千年火器致伤的"暴恶"范畴，而人道战则以其"趋慈"理念呼唤新的战争样式和新的武器研制技术。总之，战争中的人性复杂性和技术复杂性叠加，使战争工具和军事对抗行为越来越复杂，掌控不断异化的战争体系，驾驭战争的复杂性，需要在更高层面上重构体系，需要新质新机理的技术突破。

二、生物科技引领下一轮军事革命的预判

目前，越来越多的事实表明，生物科技引领的新一轮科技革命正在加速酝酿。生物科技在融入并影响信息化军事革命的同时，将引领下一轮新的军事革命，加速"机械化、信息化"向"生物化"转变，并引发整个战争形态的深刻演变。

（一）生物科技夯实下一轮军事革命的社会基础

军事革命是人类社会文明形态转换的突变典型。生物科技的迅猛发展，正推动人类社会迈入生物社会，为下一轮军事革命奠定了社会基础。

一是生物科技已成为 21 世纪的科技制高点。生命科学已成为自然科学中发展最快、影响最大的学科之一。从文献计量看，生命科学是研究最密集的领域，SCI 数据库中生命科学文献占所有科技文献量的 50.29%（数量指标），被引频次占 65.9%（质量指标）。从重大成就看，1998—2012 年度 *Science*（《科学》）评选的 150 项重大科技进展中生命科学领域占 83 项。从科学数据的产出量看，仅生命组学产生的信息量倍增时间就远短于"摩尔定律"的 18 个月。生命科学重大突破和生物技术持续创新更是极大地带动了信息科技、材料科技、纳米科技等领域的发展，并催生了化学生物学、物理生物学、数学生物学、系统生物学、生物信息学、生物材料学、社会生物学等一大批新兴交叉学科群。专家预测，新一轮科

技革命可能在物质科学、生命科学等学科及其交叉领域开辟出新的空间，以新生物学革命为主要特征。

二是生物科技塑造人类未来新型经济形态。人类社会的经济形态，经过游牧经济、农业经济、工业经济、信息经济等阶段，正逐渐向生物经济阶段过渡。近一阶段，全球生物经济总量每 5 年翻一番，增长率为 25% ~ 30%，是世界经济增长率的 10 倍，生物产业已成为增长最快的经济领域。世界经济合作与发展组织 (OECD) 的报告认为，到 2020 年生物经济规模将达到 15 万亿美元，超过以信息技术为基础的信息经济规模，成为世界上最强大的经济力量；到 2030 年人类将进入生物经济时代，生物产业将成为 21 世纪的支柱产业。

三是生物科技是解决全球重大问题的突破口。生物科技深刻影响国计民生的方方面面，影响和制约人类生存与发展的农业、医药卫生、人口、资源、环境、能源等问题的解决。生物科技正逐步成为人类解决资源、能源、生态、环境等全球重大问题的根本技术途径。生物医药科技将推动第四次医学革命，有效防治重大传染病和慢性疾病，提高人类健康水平，延长寿命；农业生物科技正推动第六次农业革命、第二次绿色革命，是解决世界粮食危机的根本途径；工业生物科技将推进第三次化学工业革命。

（二）生物科技提供下一轮军事革命的核心科技动力

历次军事革命浪潮都是由引领时代发展的革命性技术群始而发动并持续推进的，而此技术群中的带头学科，总是起着最关键、最重要的引擎作用。生物科技也不例外，将影响到军事领域的各个方面。

一是生物科技锻造非对称优势，拓展战略威慑领域。非对称作战优势即未来战争优势。美军在《2020 年联合构想》中指出：非对称手段出现的可能性也许是美国即将面临的最重要的危险。未来随着人类基因组计划、人类蛋白质组计划、生物信息学、神经认知科学等的突破，各种全新样式的生物技术化武器装备，如意识干预武器、脑控武器、"分子点穴"武器等，将突破现有战略威慑空间，逐步形成独立于海陆空天网电传统领域、形成对现有作战平台的非对称优势，以及撼人心魄、不战而屈人之兵的超强战略威慑能力。

二是生物科技提供新技术引擎，突破武器物理极限。生物世界是万千物质系统中进化程度最高、复杂度最广、效能最优、适应性最佳、可控性最强、能耗效能比最低的独特体系。因此，仿生技术一直是创新武器装备研发"奇思妙想"的源泉，从最复杂、最精华的生物系统中获得新原理、新规律和新认识，始终是武器装备源头创新的强大技术原动力。如生物计算技术将突破传统计算机存储空间、能耗和散热等物理极限 10 个以上数量级，引发军用计算机革命；生物效应与原理研究已实质性促进主动拒止武器、强声武器、脑控武器等新概念武器的研发，部分已陆续装备部队并发挥显著作用。未来，调控作战人员决策、行动等战斗能力的主导性基因或蛋白质将成为打击靶标，微观世界的"点穴"打击将成为可能。

三是生物科技打造"超级士兵"系统，突破生理心理极限。生物科技的发展将实现人类数千年以求、战场救护急盼的"人工造血"、"器官再生"、"体外克隆"、"合成生物"等梦想。军事医学将从传统救死扶伤的伤病医学，向未来打造"超人"、"超能战士"的能力医学不断突破。突破传统生命禁区，保障人员规模化上天、入地、潜海，为深空、深海、极地长期住守建立完整生命支撑系统与基地，革命性开拓人类生存、军队行动的物理空间，变浩淼的海洋、广阔的天空、遥远的星球为人类新的家园、国家新的疆域。

四是生物科技推动战争生物化，重塑战场形态。动物脑控技术将使高技术"动物部队"走向战场，完成军人、装备无法实施的低空、城区、地下通道、港口、深海等侦查、战场感知等特殊任务；脑－机接口技术将使机器人军团成为可能；生物能将成为继物理能、化学能和信息能之后的新型军事能量。生物科技使得认识脑、利用脑、控制脑成为可能，意识干预、脑控武器等将使大脑成为继陆、海、空、天、电、网之后新的作战空间。生物科技将催生新型"制生权""制脑权"等生物作战理论。

三、从战略高度应对下一轮军事革命的建议

随者不王，王者不随，古今中外，概莫能外。当今的王者，引领了信息化军事变革；未来的王者何来何去？答案只有一个：引领下一轮军事变革！

一是以史为鉴，紧握"天机"。历史证明：科技革命、武器革新、军事革命是现代大国的强国必由之路。只有"军事技术的王者"才能成就"国家的王者"！发展中国家的图强之择，尤其是王兴之策，只有抢先发展"发展中"的军事技术！新科技革命百年一遇，中华复兴千年一逢！一者，来之不易；二者相合，乃是天赐良机！我只有未雨绸缪，力拔生物化军事革命头筹，方能实现辟新径、越强敌、领未来的强国强军目标。

二是着眼引领，企划大略。着眼引领中华民族伟大复兴、引领全球下一轮军事变革的总体战略目标，着力实施"生物化新军事变革战略"（可简称"生物化战略"），战略部署概括为"三部走"：第一步，进行生物化整体设计与布局，解决生物化"有"的问题；第二步，以生物化全面提升信息化，补齐信息化的短板与空白，形成信息化和生物化复合发展的格局；第三步，以生物化引领信息化，推行新的军事变革。

三是珠联璧合，突破"天堑"。数千年来的武器发展基本都是在物质科学的理论指导、技术支撑下进行，因此武器装备需求拟定、工程研发的专业队伍，其职业背景清一色物质科学、工程技术，鲜有生物科技人员，国内外均如此。而随着现代科技的迅猛发展，各领域自身日益精深、分工日益精细，彼此间如同"天堑"，生物科技与其他领域之间更是如此。因此，在实施上述战略时，我们必须下大力突破领域间"天堑"，推进战略研究力量与生物科技力量的高峰"思维碰撞"，勾画出人类有史以来首幅"生物化军事革命"的战略蓝图；推进武器研发力量与生物科技力量的整合、融合，勾画出人类有史以来首幅"生物化军事革命"的技术路线图。